Abdelouahid Dahmani

Les systèmes de réfrigération à éjecteur

Abdelouahid Dahmani

Les systèmes de réfrigération à éjecteur

Comparaison entre les performances des réfrigérants

Éditions universitaires européennes

Impressum / Mentions légales
Bibliografische Information der Deutschen Nationalbibliothek: Die Deutsche Nationalbibliothek verzeichnet diese Publikation in der Deutschen Nationalbibliografie; detaillierte bibliografische Daten sind im Internet über http://dnb.d-nb.de abrufbar.
Alle in diesem Buch genannten Marken und Produktnamen unterliegen warenzeichen-, marken- oder patentrechtlichem Schutz bzw. sind Warenzeichen oder eingetragene Warenzeichen der jeweiligen Inhaber. Die Wiedergabe von Marken, Produktnamen, Gebrauchsnamen, Handelsnamen, Warenbezeichnungen u.s.w. in diesem Werk berechtigt auch ohne besondere Kennzeichnung nicht zu der Annahme, dass solche Namen im Sinne der Warenzeichen- und Markenschutzgesetzgebung als frei zu betrachten wären und daher von jedermann benutzt werden dürften.

Information bibliographique publiée par la Deutsche Nationalbibliothek: La Deutsche Nationalbibliothek inscrit cette publication à la Deutsche Nationalbibliografie; des données bibliographiques détaillées sont disponibles sur internet à l'adresse http://dnb.d-nb.de.
Toutes marques et noms de produits mentionnés dans ce livre demeurent sous la protection des marques, des marques déposées et des brevets, et sont des marques ou des marques déposées de leurs détenteurs respectifs. L'utilisation des marques, noms de produits, noms communs, noms commerciaux, descriptions de produits, etc, même sans qu'ils soient mentionnés de façon particulière dans ce livre ne signifie en aucune façon que ces noms peuvent être utilisés sans restriction à l'égard de la législation pour la protection des marques et des marques déposées et pourraient donc être utilisés par quiconque.

Coverbild / Photo de couverture: www.ingimage.com

Verlag / Editeur:
Éditions universitaires européennes
ist ein Imprint der / est une marque déposée de
OmniScriptum GmbH & Co. KG
Heinrich-Böcking-Str. 6-8, 66121 Saarbrücken, Deutschland / Allemagne
Email: info@editions-ue.com

Herstellung: siehe letzte Seite /
Impression: voir la dernière page
ISBN: 978-3-8417-9129-0

Copyright / Droit d'auteur © 2014 OmniScriptum GmbH & Co. KG
Alle Rechte vorbehalten. / Tous droits réservés. Saarbrücken 2014

UNIVERSITÉ DE SHERBROOKE
Faculté de génie
Département de génie mécanique

UTILISATION DES ÉJECTEURS POUR AMÉLIORER LES PERFORMANCES DES SYSTÈMES DE RÉFRIGÉRATION

Mémoire de maîtrise
Spécialité : génie mécanique

Abdelouahid DAHMANI

Jury: Nicolas GALANIS
       Zine AIDOUN
       Hachimi FELLOUAH

Sherbrooke (Québec) Canada   Janvier 2011

*À l'âme de ma mère et à mon père
À mes frères et mes sœurs et à ma fiancée.*

RÉSUMÉ

La présente étude des cycles de réfrigération à éjecteur se fonde sur les principes de la thermodynamique classique, de la thermodynamique en dimensions finies et des transferts de chaleur. Pour étudier l'influence de la pression sur les performances de ces cycles, nous avons fixé la puissance de réfrigération ainsi que les températures des fluides externes à l'entrée des trois échangeurs (générateur de vapeur, condenseur et évaporateur). La performance d'un système de réfrigération varie d'un fluide frigorigène à l'autre; pour le démontrer, une étude comparative entre quatre réfrigérants (R134a, R152a, R290 et R600a) est présentée. Les résultats obtenus montrent que, pour une différence de température donnée entre le réfrigérant et les fluides externes, la quantité de chaleur fournie au générateur de vapeur et la conductance thermique totale des échangeurs diminuent quand la pression du réfrigérant au générateur de vapeur augmente. D'autre part, une différence de température de 3 °C est la valeur qui optimise les performances du système à éjecteur pour les quatre fluides. Une analyse des flux exergétiques dans chaque composante du système identifie l'exergie détruite qui doit être prioritairement améliorée pour minimiser les pertes exergétiques du système. Afin de compléter l'étude, une analyse paramétrique du système conventionnel à un seul et à deux compresseurs est représentée avant celle du système qui combine l'éjecteur et le compresseur. Pour finir, nous effectuons une comparaison entre les quatre réfrigérants et les trois systèmes.

Mots-clés : Réfrigération, éjecteur, énergie, exergie, COP, réfrigérant.

REMERCIEMENTS

La réalisation de ce mémoire n'aurait pu aboutir sans la collaboration de plusieurs personnes à qui je voudrai témoigner toute ma reconnaissance.

Je voudrai tout d'abord adresser toute ma gratitude au directeur de ce mémoire, Nicolas Galanis, pour sa patience, sa disponibilité et surtout ses judicieux conseils, qui ont fortement contribué à alimenter ma volonté et réflexion.

Je désire aussi remercier mon Co-directeur Zine Aidoun, qui m'a soutenu et orienté vers la porte de la réussite de ce projet. Je tiens à remercier aussi le professeur Yves Mercadier et Mohamed Ouzzane qui m'ont fait découvrir les secrets des systèmes de réfrigération à éjecteur.

Mes remerciements vont également au personnel de CANMETEnergie de Varennes pour m'avoir accueilli lors des visites professionnelles pendant le déroulement de ma maîtrise en particulier Zine Aidoun, Mohamed Ouzzane et John Scott.

Je tiens ensuite à remercier ma famille, mon père, mes frères et mes sœurs, ma fiancée et tous les cousins et cousines.

Je voudrais saluer chaleureusement tous les amis et collègues qui m'ont apporté leur support moral et intellectuel tout au long de ma démarche.

TABLE DES MATIÈRES

RÉSUMÉ 1
REMERCIEMENTS 3
TABLE DES MATIÈRES 3
LISTE DES TABLEAUX 8
LISTE DES ACRONYMES 10
CHAPITRE 1   INTRODUCTION 11
   1.1   **Généralités** 11
   1.2   **Revue de littérature** 13
   1.3   **Objectifs spécifiques et méthodologie** 17
   1.4   **Les réfrigérants** 18
   1.5   **Organisation du mémoire** 19
CHAPITRE 2 20
              CYCLE AVEC ÉJECTEUR COMME ÉLÉMENT DE COMPRESSION
   2.1   **Description du cycle** 20
   2.2   **Analyse énergétique** 21
   2.2.1   Modélisation de l'écoulement du fluide secondaire 23
   2.2.2   Modélisation de l'écoulement du fluide primaire 24
   2.2.3   Modélisation de l'écoulement dans la section du mélange 24
   2.2.4   Modélisation des autres composantes 25
   2.2.5   Coefficient de performance 25
   2.2.6   Méthode de résolution 26
   2.3   **Analyse exergétique** 28
   2.4   **Thermodynamique en dimensions finies** 29
   2.4.1   Générateur 30
   2.4.2   Condenseur 32
   2.4.3   Évaporateur 34
   2.4.4   Fonction objective 35
   2.5   **Résultats et discussion** 35
   2.5.1   Effet de la pression du générateur sur les performances avec $\Delta T = 5°C$ 36

2.5.2	Effet ΔT sur les performances	41
2.6	**Conclusion**	**46**
CHAPITRE 3		**47**

CYCLES CONVENTIONNELS À UN ET DEUX COMPRESSEURS

3.1	**Cycle conventionnel à un seul compresseur**	47
3.2	**Analyse énergétique**	48
3.2.1	Détermination des états du cycle	49
3.2.2	Modélisation du compresseur	50
3.3	**Analyse éxergétique**	51
3.4	**Thermodynamique aux dimensions finies**	51
3.4.1	Condenseur	52
3.4.2	Évaporateur	53
3.4.3	Fonction objective	53
3.5	**Résultats et discussion**	53
3.6	**Cycle conventionnel à deux étages de compression**	57
3.6.1	Analyse énergétique et exergétique	58
3.6.2	Thermodynamique en dimensions finies	58
3.6.3	Validation des résultats	59
3.6.4	Résultats et discussion	59
3.7	**Conclusion**	**65**
CHAPITRE 4		**66**

CYCLE COMBINÉ AVEC COMPRESSEUR ET ÉJECTEUR

4.1	**Description du cycle**	66
4.2	**Analyse énergétique**	67
4.2.1	Modélisation de l'écoulement du fluide secondaire	68
4.2.2	Modélisation de l'écoulement du fluide primaire	69
4.2.3	Modélisation de l'écoulement dans la section du mélange	69
4.2.4	Modélisation de l'écoulement au diffuseur	69
4.2.5	Modélisation des autres composantes	70
4.2.6	Coefficient de performance	70
4.3	**Analyse exergétique**	70

4.4	**Thermodynamique en dimensions finies**	71
4.4.1	Condenseur	72
4.4.2	Évaporateur	73
4.4.3	Fonction objective	74
4.5	**Résultats et discussion**	74
4.6	**Conclusion**	80

CHAPITRE 5 81
COMPARAISON ENTRE LES CYCLES ET LES RÉFRIGÉRANTS

5.1	Cycle à éjecteur comme élément de compression	81
5.2	Cycle à deux étages de compression	82
5.3	Cycle combiné à éjecteur – compresseur	84
5.4	Comparaison entre les cycles	86
5.5	Conclusion	88

CHAPITRE 6   CONCLUSION 90
ANNEXE A 92
LISTE DES RÉFÉRENCES 96

LISTE DES FIGURES

Figure	Titre de la figure	Page
Figure 2.1	*Schéma du cycle avec éjecteur comme élément de compression*	20
Figure 2.2	*Diagramme T-S des processus*	21
Figure 2.3	*Évolution des températures dans le générateur*	30
Figure 2.4	*Organigramme de calcul de l'UA au générateur*	32
Figure 2.5	*Évolution des températures dans le condenseur*	33
Figure 2.6	*Évolution des températures dans l'évaporateur*	34
Figure 2.7	*L'influence de P_G sur le coefficient de performance*	37
Figure 2.8	*L'influence de P_G sur la conductance thermique totale du système*	37
Figure 2.9	*L'influence de P_G sur le fuide externe au générateur*	38
Figure 2.10	*L'influence de P_G sur le fuide externe au générateur*	39
Figure 2.11	*L'influence de P_G sur les pertes exergétiques du système*	40
Figure 2.12	*L'influence de P_G sur la fonction objective*	40
Figure 2.13	*L'influence de ΔT sur le coefficient de performance*	42
Figure 2.14	*L'influence de ΔT sur la conductance thermique*	43
Figure 2.15	*L'influence de ΔT sur les pertes exergétiques*	43
Figure 2.16	*L'influence de ΔT sur la fonction objective*	44
Figure 2.17	*L'influence de ΔT sur la section du col de la tuyère primaire*	45
Figure 2.18	*L'influence de ΔT sur la section de la chambre de mélange*	45
Figure 3.1	*Schéma du cycle conventionnel à un seul compresseur*	47
Figure 3.2	*Diagramme T-S du cycle conventionnel*	48
Figure 3.3	*Diagramme P-V du compresseur*	50
Figure 3.4	*Évolution des températures dans le condenseur*	52
Figure 3.5	*Évolution des températures dans l'évaporateur*	53
Figure 3.6	*L'influence de ΔT sur le coefficient de performance*	54

Figure	Titre de la figure	Page
Figure 3.7	*L'influence de ΔT sur la conductance thermique*	55
Figure 3.8	*L'influence de ΔT sur les pertes exergétiques*	55
Figure 3.9	*L'influence de ΔT sur la fonction objective*	56
Figure 3.10	*Schéma du système conventionnel à deux compresseurs*	57
Figure 3.11	*Effet de la pression intermédiaire sur le COP*	60
Figure 3.12	*Effet de la pression intermédiaire sur les pertes exergétiques*	61
Figure 3.13	*Effet de la pression intermédiaire sur la conductance thermique*	62
Figure 3.14	*Effet de la pression intermédiaire sur la fonction objective*	62
Figure 3.15	*Effet de la pression intermédiaire sur l'énergie des compresseurs*	63
Figure 3.16	*Effet de la pression intermédiaire sur le débit de l'évaporateur*	64
Figure 4.1	*Schéma du cycle combiné*	66
Figure 4.2	*Diagramme T-S du cycle combiné*	67
Figure 4.3	*Évolution des températures dans le condenseur*	72
Figure 4.4	*Évolution des températures dans l'évaporateur*	73
Figure 4.5	*Effet de la température intermédiaire sur le COP*	74
Figure 4.6	*Effet de la température intermédiaire sur la conductance thermique*	75
Figure 4.7	*Effet de la température intermédiaire sur la conductance thermique*	76
Figure 4.8	*Effet de la température intermédiaire sur la fonction objective*	77
Figure 4.9	*Effet de la température intermédiaire sur le travail de compression*	78
Figure 4.10	*Effet de la température intermédiaire sur le débit primaire*	79
Figure A.1	*Flux énergétique et éxergétique pour le R134a*	92
Figure A.2	*Flux énergétique et éxergétique pour le R152a*	93
Figure A.3	*Flux énergétique et éxergétique pour le R290*	94
Figure A.4	*Flux énergétique et éxergétique pour le R600a*	95

LISTE DES TABLEAUX

Tableau	Titre du tableau	Page
Tableau 1.1	*Caractéristique des différents réfrigérants*	18
Tableau 2.1	*Liste de toutes les variables et relations thermodynamiques*	26
Tableau 2.2	*Procédure numérique pour la résolution du modèle*	27
Tableau 2.3	*Paramètres indépendants de la pression P_G*	36
Tableau 3.1	*Validation des résultats*	59
Tableau 4.1	*Valeurs des différents débits en fonction de T_{inter} pour le R134a*	79
Tableau 5.1	*Comparaison entre les fluides du cycle à éjecteur*	81
Tableau 5.2	*Comparaison entre les fluides du cycle à deux compresseurs*	83
Tableau 5.3	*Comparaison entre les fluides du cycle combiné*	85
Tableau 5.4	*Comparaison entre les trois cycles*	87

NOMENCLATURE

Les Variables :

A	Section, cm^2
DB	Volume balayé, m^3
Ed	Exergie détruite, kJ/kg
Ej	Éjecteur
e	Exergie spécifique, kJ/kg
F	Fonction objective
h	Enthalpie spécifique, kJ/kg
$\dot{m}$	Débit massique total, kg/s
$\dot{m}_P$	Débit massique primaire, kg/s
$\dot{m}_s$	Débit massique secondaire, kg/s
P	Pression, kPa
Q	Quantité de chaleur transférée, kW
s	Entropie spécifique, kJ/kg-K
T	Température, °C
UA	Conductance thermique, kW/K
v	Volume spécifique, m^3/kg
V	Vitesse, m/s
W	Travail du compresseur, kW
x	Titre de vapeur

Indices :

0	État de référence
c	Col de la tuyère primaire
C	Condenseur
Comp	Compresseur
exit	Sortie de l'éjecteur
E	Évaporateur
G	Générateur
i	État thermodynamique
in	Entrée

Mél	Mélange
out	Sortie
p	Primaire
s	Secondaire
Sép	Séparateur
v	Valve

Symboles grecques:

β	Pertes exergétiques
Δ	Différence
ω	Rapport d'entrainement

LISTE DES ACRONYMES

COP	Coefficient de performance
EES	Engineering Equation Solver
GWP	Potentiel de réchauffement global
LMTD	Moyenne Logarithmique des Différences de Température
ODP	Potentiel de déplétion de la couche d'ozone

CHAPITRE 1   Introduction

1.1 Généralités

La génération du froid est devenue une technologie importante dans notre société. Elle est utilisée dans un grand nombre de secteurs (le secteur résidentiel, l'industrie agro-alimentaire et l'industrie chimique) et sous de nombreuses formes (conservation de denrées périssables, climatisation, refroidissement de procédés industriels, etc.). Elle n'est cependant pas sans effet sur notre milieu naturel. Dans les pays industrialisés, comme le Canada, jusqu'à 15% de l'énergie consommée est ainsi consacrée à la production du froid et de la climatisation.

La plupart des systèmes de réfrigération utilisent un fluide réfrigérant et ses changements de phase entre les états liquides et gazeux. Les principaux composants d'un tel système de réfrigération conventionnel sont le compresseur, le condenseur et l'évaporateur. Suivant les applications et les besoins, le système peut également comporter des éjecteurs, des condenseurs, des compresseurs et des évaporateurs multiples.

Dans le domaine de la réfrigération on distingue deux grandes classes :

   A. Systèmes mécano-frigorifiques : ceux qui consomment, pour fonctionner, de l'énergie mécanique, ou son équivalent. Parmi eux, deux familles se détachent:
- Les systèmes à compression de vapeurs liquéfiables.
- Les systèmes utilisant des cycles à gaz : systèmes thermoélectriques.

   B. Systèmes thermo-frigorifiques : ceux qui consomment essentiellement de l'énergie thermique. On distingue, parmi ces systèmes frigorifiques consommant de l'énergie thermique:
- Les systèmes frigorifiques continus à absorption.
- Les systèmes frigorifiques à adsorption et thermochimiques.
- Les systèmes frigorifiques à éjection ou bien à éjecteur.

L'optimisation d'un système de réfrigération à éjecteur est intimement liée à celle de son organe principal, l'éjecteur. Afin d'en améliorer le rendement, on doit étudier les performances des éjecteurs ainsi que les divers types de réfrigérants utilisés pour améliorer le rendement.

Dans une perspective de développement durable et d'une utilisation de l'énergie plus rationnelle, trouver des technologies innovantes qui permettent de concilier les exigences d'une chaîne du froid et de climatisation efficace et la minimisation des impacts environnementaux constituent un enjeu important pour la recherche.

Les gaz réfrigérants (R12, R22…etc.) sont des produits de consommation courante, tant au niveau domestique qu'industriel, qui participent grandement au réchauffement climatique. Aujourd'hui donc, ces gaz réfrigérants sont en majorité remplacés par les gaz HFC (hydro fluor carbone), sans chlore, qui sont souvent présentés comme " écologiques " car ils ne nuisent pas à la couche d'ozone. Cependant, le fluor qu'ils contiennent contribue grandement au réchauffement climatique, jusqu'à représenter 2% des émissions de gaz à effet de serre. Les émissions de HFC sont aujourd'hui contrôlées et jugées indésirables pour l'environnement, mais ces gaz, à défaut d'alternative aussi intéressante du point de vue économique, seront sans doute encore utilisés dans l'industrie du froid.

L'objectif général de ce projet de recherche est d'effectuer des études paramétriques des systèmes de réfrigération à éjecteur comme élément de compression et des systèmes de réfrigération combinés (éjecto-compresseur) avec plusieurs réfrigérants afin d'améliorer leurs performances en prenant en compte les impacts environnementaux. À titre de comparaison, d'autres études sur les systèmes conventionnels avec un seul et à avec deux compresseurs seront évoquées.

1.2 Revue de littérature

La technologie de l'éjecteur a été inventée par Charles Persons en 1901 en vu d'extraire l'air du condenseur des machines à vapeur. L'utilisation de l'éjecteur dans une machine de réfrigération est réalisée par Maurice Leblanc en 1910 [1]. Ces systèmes étaient destinés au conditionnement d'air jusqu'au développement des réfrigérants dans les années 1930 et leurs utilisations dans les systèmes à compression de vapeur, ayant une meilleure performance. Malgré que la performance des systèmes à éjecteur fût modeste, les recherches se sont poursuivies et cette technologie a trouvé plusieurs applications dans de nombreux domaines, notamment l'industrie chimique et agro-alimentaire.

La première publication d'une théorie analytique de calcul des performances des éjecteurs date de 1950 par Keenan et al. [2]. L'objectif de cette théorie était de faire une analyse thermodynamique de l'écoulement isentropique monodimensionnel du réfrigérant le long de l'éjecteur en se fondant sur les équations thermodynamiques des gaz parfaits et les lois de conservation de la masse, de quantité de mouvement et de l'énergie, sans tenir compte des pertes dues à la friction.

Au début des années 90 plusieurs chercheurs ont s'assuré qu'il était nécessaire d'améliorer la performance des éjecteurs afin de les rendre économiquement plus attrayants. De nombreuses investigations expérimentales ont été effectuées pour évaluer l'effet de la géométrie d'éjecteur sur sa performance, à savoir:

- L'endroit de sortie de la tuyère par : Aphornratana et Eames [3]; Chunnanond et Aphornratana [1].
- Le rapport des sections de tuyère et de la chambre de mélange par : Huang et Chang [4]; Sankarlal et Mani [5], Chang et Chen [6].

Sun [7] a effectué une comparaison de plusieurs réfrigérants y compris l'eau, des composés chlorofluorocarbones (CFCs, HCFCs et HFCs), des composés organiques cycliques et un azéotrope comme fluide moteur pour les systèmes de réfrigération à éjecteur. Les résultats ont montré que le coefficient de performance d'un système à éjecteur est plus bas comparativement

à celui d'un système conventionnel. En s'appuyant sur les résultats recueillis, de nombreuses comparaisons et conclusions ont été obtenues, elles sont résumées ci-après:
- Pour les CFCs, le R12 a donné une meilleure performance.
- Pour les HFCs, le R142b a fourni le meilleur COP.
- Le R152a a donné la meilleure performance comparé à tous les autres réfrigérants.
- Les HFCs sont plutôt les favoris car ils n'ont aucune influence sur la couche d'ozone, et respectent les impacts environnementaux.
- Le fluide azéotrope R500 est considéré comme le plus performant.
- L'utilisation d'un réfrigérant avec une grande chaleur latente mène à un fonctionnement optimal de l'éjecteur.

Finalement, le COP est presque indépendant des conditions du fonctionnement du système.

Aidoun et Ouzzane [8], ont étudié l'impact des conditions de fonctionnement sur la performance d'un éjecteur supersonique dans une installation frigorifique. Par simulation, ils ont calculé la température, la pression et le nombre de Mach le long de l'éjecteur pour un fluide réel dans les conditions nominales et non nominales. Au sein de l'éjecteur, toutes les caractéristiques se sont déterminées par une technique de résolution des équations de conservation. La performance de l'éjecteur est intimement liée au facteur d'entrainement ω, taux de compression P_{exit}/P_E, P_G/P_{exit} et aux paramètres géométriques $(d/d_c)^2$. Ils ont fixé les paramètres thermodynamiques dans les trois niveaux des échangeurs: au générateur, au condenseur et à l'évaporateur afin d'illustrer l'impact des différents paramètres sur le fonctionnement de l'éjecteur.

Les auteurs ont ainsi démontré que le fonctionnement de l'éjecteur dans des conditions nominales est plus favorable que celui dans des conditions non nominales, et les paramètres peuvent être bien analysés et quantifiés. Les conditions non nominales provoquent l'augmentation de température due à l'apparition de fortes ondes de choc dans la chambre de mélange menant à une grande perte de chaleur.

Une surchauffe excessive à l'entrée du générateur n'a pas d'impact sur la température de sortie de ce dernier, tandis qu'elle pénalise l'évolution au condenseur sans affecter la pression à la fin de la condensation.

De plus, l'augmentation de la pression au niveau du générateur augmente la pression à la sortie de l'éjecteur, mais cela réduit le facteur d'entrainement.

Finalement, les auteurs ont montré l'influence des paramètres de l'évaporateur sur la performance du système de deux façons différentes :
- L'augmentation de la température d'évaporation induit une amélioration du facteur d'entrainement.
- La pression de sortie augmente légèrement dans les conditions non nominales alors qu'elle reste constante dans les conditions nominales.

Dans une autre étude, Chunnanond et Aphornratana [1] ont présenté l'influence des températures du générateur, du condenseur et de l'évaporateur sur la performance d'un système de réfrigération à éjecteur. Ils ont déduit que le COP décroît avec l'augmentation de la température (et de la pression) au générateur ou avec la diminution de la température (et de la pression) à l'évaporateur, ou par la montée de la température (et de la pression) au condenseur.

Boumaraf et Lallemand [9] ont étudié une machine tritherme à éjecteur (Figure 2.1) avec plusieurs réfrigérants de différentes générations. Notamment, les réfrigérants naturels (R290, R600 et R600a), des réfrigérants transitoires ou de substitution (R123, R124, R141b, R142b, R152a, RC318) ainsi que le R134a (ayant une contribution à l'effet de serre élevée mais toujours utilisé dans la climatisation automobile). Le R22 est utilisé comme fluide de référence. Leur étude visait à déterminer l'influence de la température de la source froide et de la source chaude sur le coefficient de performance. En prenant en compte l'hypothèse des gaz parfait, les calculs ont prouvé la proportionnalité entre le facteur d'entraînement $\omega = \dot{m}_s/\dot{m}_p$ et le COP. Pour une puissance frigorifique donnée et des températures de la source chaude (au générateur) T_G, intermédiaire (au condenseur) T_C et froide (à l'évaporateur) T_E fixées, ce modèle permet de calculer le facteur d'entraînement ω et les rapports de section de l'éjecteur en régime optimal, considéré comme nominal. En particulier, il permet aussi d'analyser le comportement de l'éjecteur hors conditions nominales.

Les auteurs ont démontré que pour le même fluide, les performances augmentent plus vite avec l'augmentation de la température de la source froide qu'avec celle de la source chaude.

Finalement, les auteurs ont effectué une comparaison entre plusieurs fluides en faisant varier la température de la source chaude.

Dans l'étude de Selvaraju et Mani [10], les auteurs ont expérimenté un système de réfrigération à éjecteur fonctionnant avec le R134a pour produire une capacité frigorifique de 0.5 kW. Ils ont analysé l'influence des températures de l'évaporateur, du condenseur ainsi que du générateur sur la performance du système. Comme ce genre de système est actionné avec des énergies thermiques à basses températures, ils ont fixé un niveau de température entre 65°C et 90°C au générateur, entre 26°C et 37.5°C au condenseur et entre 2°C et 12.5°C à l'évaporateur. Dans cette étude, les auteurs ont sélectionné six différentes géométries de l'éjecteur. Pour des températures bien déterminées au niveau du condenseur et de l'évaporateur, ils ont obtenu un COP maximal pour une température optimale au niveau du générateur et cela pour chacune des géométries de l'éjecteur. D'autre part, pour une géométrie précise de l'éjecteur et des températures fixées au niveau du condenseur et de l'évaporateur, il existe une température optimale du fluide primaire qui maximise le facteur d'entrainement de l'éjecteur et par conséquent le coefficient de performance du système. Donc, il est clair que l'augmentation du COP est intimement liée à celle de la température du générateur, cette augmentation de la température provoque l'accélération du fluide primaire à la tuyère motrice de l'éjecteur aussi à une meilleure aspiration du fluide secondaire venant de l'évaporateur. Au-delà d'une certaine valeur de cette température, le fluide secondaire provoque une hausse des pertes d'énergie due à l'apparition d'ondes de choc à l'éjecteur, par conséquent le COP diminue graduellement.

Les études précédentes [11, 12] se sont focalisées sur l'influence de la pression au niveau de générateur sur les performances de système pour des écarts de températures précis $\Delta T = 5$ °C, $\Delta T = 7.5$ °C et $\Delta T = 10$ °C entre le fluide extérieur qui est l'eau et le réfrigérant R134a. Une pression de 2700 kPa était presque idéale pour avoir un coefficient de performance moyennement élevé et une conductance thermique relativement petite. En combinant ces deux paramètres il en résulte une fonction objective F qui est proportionnelle au produit du coût d'opération et du coût initial du système optimal. Pour cette pression, on a étudié par la suite l'influence de la différence de température entre le fluide extérieur et le réfrigérant sur les mêmes performances.

1.3 Objectifs spécifiques et méthodologie

Les objectifs tracés pour notre étude se résument dans des éléments bien déterminés, à savoir :
- Réaliser une étude paramétrique et comparative entre différents cycles utilisant plusieurs réfrigérants de différentes générations; et cela, en effectuant des montages différents de l'éjecteur dans chaque système selon le besoin de compression, de détente ou bien d'une deuxième compression.
- Effectuer des analyses énergétiques, exergétiques et appliquer les principes de la thermodynamique en dimensions finies; pour ce faire, nous appliquons la 1ère et la 2ème loi de la thermodynamique, ainsi que les équations de la conservation de masse, d'énergie et de mouvement. En parallèle, nous utilisons les relations de calcul des surfaces des échangeurs et des transferts de masse et de chaleur.
- Réduire le coût des installations frigorifiques (en optimisant les surfaces des échangeurs, ainsi que le débit des réfrigérants); à partir des calculs et de bilans, les valeurs optimales obtenues nous permettront de sélectionner des systèmes plus avantageux comparativement à d'autres (côté économique).
- Bénéficier d'une technologie verte en sélectionnant comme fluides moteur les réfrigérants les plus favorables qui minimisent les impacts environnementaux et qui respectent les critères de sécurité. Le choix d'un tel fluide frigorigène peut donc se fonder sur son GWP, sous réserve qu'il réponde aux caractéristiques techniques requises et satisfasse aux critères de sécurité. D'après le tableau 1.1, les réfrigérants les plus avantageux sur lesquels notre étude se fonde sont : R134a, R152a, R290 et R600a.

Les critères d'évaluation de la performance d'un tel cycle à éjecteur sont en général :
1. COP : le coefficient de performance.
2. UA : la conductance thermique des échangeurs.
3. β_{ex} : les pertes exergétiques.
4. ω : le facteur d'entrainement.
5. F : la fonction objective.
6. Les dimensions de l'éjecteur.

1.4 Les réfrigérants

Les réfrigérants traditionnels (Fréon, Forane... etc.) sont des produits synthétiques largement utilisés dans les systèmes de réfrigération industrielles, commerciales et domestiques. Cependant, bien qu'ils possèdent des excellentes propriétés thermodynamiques, ils participent grandement au réchauffement climatique. Un fluide réfrigérant doit satisfaire à plusieurs exigences :

- Pour des raisons d'efficacité, il doit avoir une faible chaleur latente de vaporisation, et un point de rosée à une pression techniquement atteignable.
- Pour des raisons d'applicabilité, il doit avoir une haute stabilité chimique.
- Pour des raisons de sécurité, il ne doit pas être inflammable, explosif ou toxique.
- Pour des raisons environnementales, il doit avoir un faible impact sur la couche d'ozone et un faible pouvoir de réchauffement global.

Sur le tableau 1.1, on représente les propriétés des quatre fluides à étudier.

ASHRAE Number	R134a	R152a	R290	R600a
Formule chimique	CF_3CH_2F	CH_3CHF_2	$CH_3CH_2CH_3$	C_4H_{10}
Masse moléculaire (kg/kmol)	102.03	66.05	44.09	58.12
Température d'ébullition (°C)	- 26.11	- 24.7	- 42.22	- 11.78
Pression critique (kPa)	4068	4760	4254.21	3647.45
Temperature critique (°C)	101	114	96.7	135
Groupe de sécurité ASHRAE	A1	A2	A3	A3
ODP	0	0	0	0
GWP	1300	120	3	3

Tableau 1.1 : Caractéristique des différents réfrigérants.

ODP: Coefficient mesurant l'agressivité chimique d'un fluide sur l'ozone de la haute atmosphère.

GWP: Potentiel mesurant la contribution directe d'un gaz à l'effet de serre quand il est relâché dans l'atmosphère.

Bien qu'il fasse partie des HFC, possédant un ODP nul, le R134a est moins bon pour remplacer le Fréon (R22); en effet, à partir de 2011, les nouveaux modèles de voitures possédant une climatisation avec le R134a ne recevront plus d'agrément. Cependant, vu ses performances et ses avantages dans un système de réfrigération, il est toujours considéré comme un fluide de référence. D'après sa température critique élevée (114°C), le R152a avec un faible GWP et de bonnes propriétés thermodynamiques, ne peut qu'être un bon substituant pour les anciens réfrigérants. Donc, il sera intéressant d'étudier son comportement dans un tel système de réfrigération. Les R290 et R600a font partie des réfrigérants naturels. D'après le tableau 1.1, il est bien clair que ces deux derniers sont des réfrigérants qui respectent l'environnement, avec un ODP nul et un très faible GWP. En particulier, le R600a a une très haute température critique et peut fonctionner facilement pour des basses pressions.

1.5 Organisation du mémoire

Le chapitre 2 est consacré à la modélisation et l'analyse d'un cycle utilisant l'éjecteur comme élément de compression.

Le chapitre 3 est consacré à la modélisation et l'analyse des cycles de réfrigération conventionnels à un et deux compresseurs.

Le chapitre 4 est consacré à la modélisation et l'analyse d'un cycle qui combine un compresseur avec un éjecteur.

Le chapitre 5 est consacré à la comparaison de la performance de ces différents cycles.

Le chapitre 6 présente les conclusions de l'étude.

CHAPITRE 2

CYCLE AVEC ÉJECTEUR COMME ÉLÉMENT DE COMPRESSION

2.1 Description du cycle

Ce cycle contient les composantes suivantes : un éjecteur, un condenseur, une pompe, un générateur de vapeur, une valve de détente et un évaporateur (Figure 2.1). L'éjecteur joue un rôle de compression, alimenté directement par la source de chaleur au générateur.

Les transformations thermodynamiques sont illustrées sur le diagramme T-S de la figure 2.2.

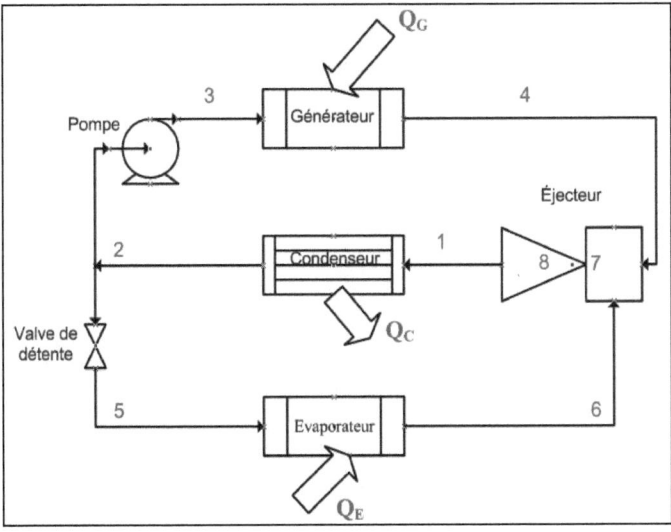

Figure 2.1: Schéma du cycle avec éjecteur comme élément de compression

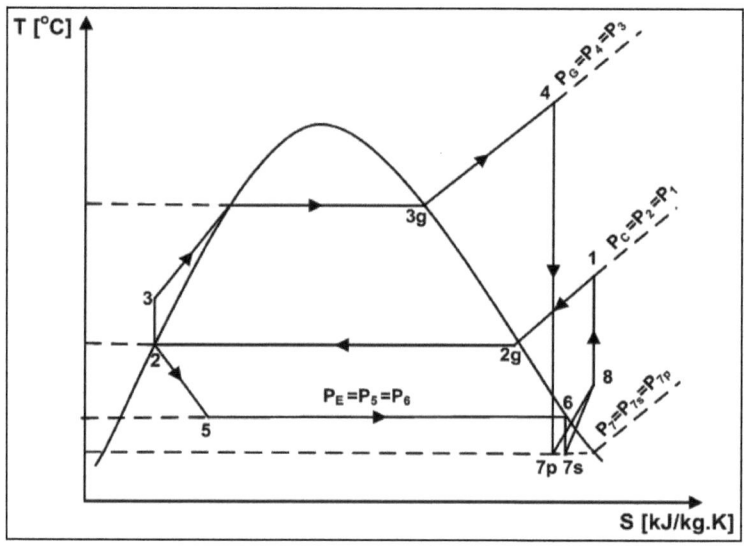

Figure 2.2: Diagramme T-S des processus

Le fluide primaire venant du générateur sous forme de vapeur surchauffée (état 4) se détend dans la tuyère primaire de l'éjecteur (état 7p) subissant une accélération accompagnée d'une chute de pression qui provoque l'aspiration du fluide secondaire (état 7s) venant de l'évaporateur dans un état saturé (état 6). Les deux fluides se mélangent dans la chambre de mélange (état 8) puis ils se compriment au diffuseur de l'éjecteur se dirigeant vers le condenseur (état 1). À la sortie de ce dernier (état 2), une partie du débit est pompée vers le générateur (état 3) constituant le fluide primaire et le restant se détend dans la valve (état 5) pour s'évaporer par la suite et produire l'effet frigorifique désiré au niveau de l'évaporateur.

Ce genre de système est généralement destiné à la réfrigération autant qu'à la climatisation selon le besoin et les conditions requises.

2.2 Analyse énergétique

L'analyse énergétique d'un système de réfrigération à éjecteur se fonde sur les principes de la conservation de la masse et de l'énergie pour calculer et déterminer chaque état du cycle (T, P, h, s, v, x), ainsi que différents autres paramètres, citons le coefficient de performance et les caractéristiques de l'éjecteur (A_p, A_s, A_c, ω).

Pour simplifier l'analyse et l'étude paramétrique de ce cycle on fait appel aux hypothèses suivantes :

- Régime établi et permanent.
- Il n'y a pas d'échange de chaleur avec l'extérieur (sauf aux échangeurs).
- Les transformations dans les échangeurs de chaleur sont isobares (P=constant).

$$P_3 = P_4 \qquad (2.1)$$
$$P_2 = P_1 \qquad (2.2)$$
$$P_5 = P_6 \qquad (2.3)$$

- Les énergies cinétique et potentielle sont négligeables dans toutes les composantes sauf à l'éjecteur (états 7p, 7s et 8).
- Nous considérons l'écoulement unidimensionnel dans l'éjecteur.
- Les fluides primaire et secondaire rentrent à l'éjecteur sous forme de vapeur.
- La détente des fluides primaire et secondaire dans l'éjecteur est isentropique.

$$s_4 = s_{7p} \qquad (2.4)$$
$$s_6 = s_{7s} \qquad (2.5)$$

- La pression à la sortie de la tuyère primaire est égale à celle du fluide secondaire à la même section ; cette pression est calculée en supposant que la section 7s correspond à la section minimale pour la détente du fluide secondaire.

$$P_{7p} = P_{7s} \qquad (2.6)$$

- Le mélange des fluides primaire et secondaire se produit à section constante

$$A_8 = A_{7p} + A_{7s} \qquad (2.7)$$

- La détente dans la valve est isenthalpique.

$$h_2 = h_5 \qquad (2.8)$$

- À la sortie du condenseur (état 2): liquide saturé.

$$x_2 = 0 \qquad (2.9)$$

- À la sortie de l'évaporateur (état 6): vapeur saturée.

$$x_6 = 1 \qquad (2.10)$$

- Le fluide de refroidissement est l'eau à la pression atmosphérique.

- La décélération au diffuseur est isentropique

$$s_1 = s_8 \tag{2.11}$$

- Le rendement de la pompe est 100%

$$\eta_P = 1 \tag{2.12}$$

Pour procéder à cette analyse, nous fixons la capacité frigorifique fournie par l'évaporateur et la température des fluides extérieurs à l'entrée des trois échangeurs ($T_{G,in}$, $T_{C,in}$ et $T_{E,in}$) ainsi que la différence de température ΔT entre le réfrigérant et ces fluides externes (figure 2.2).

$T_{G,in}$: Température du fluide extérieur à l'entrée du générateur,

$T_{C,in}$: Température du fluide extérieur à l'entrée du condenseur,

$T_{E,in}$: Température du fluide extérieur à l'entrée de l'évaporateur,

ΔT: L'écart de température entre le fluide extérieur et le réfrigérant.

$$T_4 = T_{G,in} - \Delta T \tag{2.13}$$

$$T_2 = T_{C,in} + \Delta T \tag{2.14}$$

$$T_5 = T_6 = T_{E,in} - \Delta T \tag{2.15}$$

Pour un réfrigérant spécifié, on détermine ensuite :
- $P_C = P_2 = P_1$ et h_2 à partir de T_2 et $x_2 = 0$.
- $P_E = P_5 = P_6$ et h_6, s_6 et v_6 à partir de T_6 et $x_6 = 1$.

2.2.1 Modélisation de l'écoulement du fluide secondaire

À partir de T_5 et h_5, on détermine s_5, v_5 et x_5.

La puissance frigorifique Q_E est reliée au débit massique du fluide secondaire à partir de l'équation :

$$\dot{Q}_E = \dot{m}_s(h_6 - h_5) \tag{2.16}$$

Par ailleurs, selon les hypothèses énoncées, l'équation d'énergie entre l'état 6 et 7, s'écrit :

$$h_6 = V_{7s}^2/2 + h_{7s} \tag{2.17}$$

Le débit du fluide secondaire s'écrit :

$$\dot{m}_s = A_{7s}.V_{7s}/v_{7s} \tag{2.18}$$

2.2.2 Modélisation de l'écoulement du fluide primaire

L'équation de la conservation de l'énergie pour la détente isentropique entre 4 et 7p s'écrit :

$$h_4 = h_{7p} + V_{7p}^2/2 \qquad (2.19)$$

Le débit du fluide primaire est :

$$\dot{m}_p = A_{7p} V_{7p}/v_{7p} \qquad (2.20)$$

La modélisation du col de la tuyère primaire est basée sur les trois équations suivantes :
La détente isentropique entre 4 et c est :

$$s_4 = s_c \qquad (2.21)$$

L'équation de la conservation d'énergie s'écrit :

$$h_4 = h_c + V_c^2/2 \qquad (2.22)$$

L'équation de la conservation de masse est donnée par :

$$\dot{m}_p = A_c V_c/v_c \qquad (2.23)$$

2.2.3 Modélisation de l'écoulement dans la section du mélange

À la section 8, on considère que les propriétés du mélange sont uniformes, et d'après l'équation de la conservation de la masse :

$$\dot{m} = \dot{m}_p + \dot{m}_s \qquad (2.24)$$

L'équation de la quantité de mouvement entre 7 et 8 s'écrit :

$$V_8 = (P_7 - P_8)A_8 + \dot{m}_p V_{7p} + \dot{m}_s V_{7s}/(\dot{m}_p + \dot{m}_s) \qquad (2.25)$$

Le débit massique en 8 est :

$$\dot{m} = A_8 V_8/v_8 \qquad (2.26)$$

L'équation de la conservation de l'énergie entre 7 et 8 s'écrit :

$$h_8 = \frac{\dot{m}_p}{\dot{m}}(h_{7p} + \frac{V_{7p}^2}{2}) + \frac{\dot{m}_s}{\dot{m}}(h_{7s} + \frac{V_{7s}^2}{2}) - (V_8^2/2) \qquad (2.27)$$

2.2.4 Modélisation des autres composantes

La compression au diffuseur est considérée isentropique (équation 2.11)

L'équation de la conservation d'énergie pour le diffuseur s'écrit:

$$h_1 + (V_1^2/2) = h_8 + (V_8^2/2) \tag{2.28}$$

La quantité de chaleur rejetée lors de la condensation est:

$$Q_C = (\dot{m}_p + \dot{m}_s)\cdot(h_1 - h_2) \tag{2.29}$$

D'après l'hypothèse (2.12), la puissance fournie à la pompe est :

$$W_p = \dot{m}_p(h_3 - h_2) = \dot{m}_p v_2 (P_3 - P_2) \tag{2.30}$$

La quantité de chaleur fournie par le générateur au réfrigérant est :

$$Q_G = \dot{m}_p(h_4 - h_3) \tag{2.31}$$

2.2.5 Coefficient de performance

Le coefficient de performance est défini comme étant le rapport entre la quantité d'énergie (puissance frigorifique) extraite du milieu à refroidir et l'énergie consommée pour extraire cette puissance frigorifique (la chaleur fournie au générateur et l'énergie utilisée pour faire fonctionner la pompe). Le COP est un nombre adimensionnel [13].

$$COP = Q_E/(Q_G + W_p) \tag{2.32a}$$

En substituant les équations (2.16), (2.30) et (2.31) dans (2.32a), nous obtenons :

$$COP = \omega\cdot(h_6 - h_5)/(h_4 - h_2) \tag{2.32b}$$

ω étant le facteur d'entrainement de l'éjecteur (performance de l'éjecteur).

$$\omega = \dot{m}_s/\dot{m}_p \tag{2.33}$$

2.2.6 Méthode de résolution

Le modèle décrit dans les sections précédentes comprend 35 équations et deux conditions (pour le fluide secondaire en « 7s » et pour le fluide primaire en « c »). Elles font intervenir 61 variables (voire tableau 2.1.A) dont quatre sont fixées ($T_{G,in}$, $T_{C,in}$, $T_{E,in}$ et Q_E). On peut ajouter d'autres relations entre les propriétés thermodynamiques (voire tableau 2.1B). Donc, pour résoudre le système, il faut spécifier les valeurs de deux autres variables.

Dans la section 2.5.1 on fixe $\Delta T = 5$ °C et on effectue une étude paramétrique en faisant varier P_4 tandis que dans la section 2.5.2 on fixe P_4 pour chacun des fluides et on effectue une étude paramétrique en faisant varier ΔT.

La procédure de calcul pour une combinaison quelconque de P_4 et ΔT implique des calculs itératifs pour les états 7s, c et 8; elle est illustrée au tableau 2.2.

A. Liste des variables impliquées dans le modèle	
Pression	P_1, P_2, P_3, P_4, P_5, P_6, P_{7s}, P_{7p}, P_c et P_8
Température	T_2, T_4, T_5 et T_6
Enthalpie	h_1, h_2, h_3, h_4, h_5, h_6, h_{7p}, h_{7s}, h_c et h_8
Entropie	s_1, s_2, s_4, s_6, s_{7p}, s_{7s}, s_c et s_8
Volume massique	v_2, v_{7p}, v_{7s}, v_c et v_8
Puissance	Q_G, Q_C, Q_E et W_P
Débit	$\dot{m}_P$, $\dot{m}_S$, $\dot{m}_G$, $\dot{m}_C$, $\dot{m}_E$ et $\dot{m}$
Vitesse	V_{7s}, V_{7P}, V_c et V_8
Section	A_{7S}, A_{7P}, A_c et A_8
Qualité	x_2, x_6
Autres	ω, η_P et COP
B. Liste des relations entre propriétés thermodynamiques	
Pression	$P_2 = P_{sat}(T_2)$, $P_6 = P_{sat}(T_6)$
Enthalpie	$h_2 = h_{sat}(T_2)$, $h_6 = h_{sat}(T_6)$, $h_4 = h(T_4, P_4)$, $h_c = h(T_c, P_c)$, $h_{7s} = h(T_{7s}, P_{7s})$, $h_{7p} = h(T_{7p}, P_{7p})$
Entropie	$s_2 = s_{sat}(T_2)$, $s_6 = s_{sat}(T_6)$, $s_1 = s(T_1, P_1)$, $s_4 = s(T_4, P_4)$, $s_8 = s(T_8, P_8)$
Volume massique	$v_2 = v(T_2)$, $v_c = v(T_c, P_4)$, $v_{7s} = v(T_{7s}, P_{7s})$, $v_{7p} = v(T_{7p}, P_{7p})$, $v_8 = v(T_8, P_8)$

Tableau 2.1 : Liste de toutes les variables et relations thermodynamiques

Étape 1	Nous sélectionnons le réfrigérant, les fluides externes et nous fixons $T_{G,in}$, $T_{C,in}$, $T_{E,in}$ et Q_E
Étape 2	Nous fixons un ΔT et nous calculons $T_4 = T_{G,in} - \Delta T$, $T_2 = T_{C,in} + \Delta T$, $T_5 = T_6 = T_{E,in} - \Delta T$
Étape 3	À partir de T_2 et $x_2 = 0$ nous obtenons $P_C = P_2 = P_1$, h_2, s_2, v_2, h_{2g} et $h_5 = h_2$ À partir de T_6 et $x_6 = 1$ nous obtenons $P_E = P_5 = P_6$, h_6, s_6, v_6 et $\dot{m}_S = Q_E / (h_6 - h_5)$
Étape 4	Nous choisissons une valeur de $P_G = P_4 = P_3$ (entre $P_{sat}(T_4)$ et P_C) À partir de P_G nous obtenons h_{3f}, $T_{3f} = T_{3g}$, h_{3g} À partir de P_G et T_4 nous obtenons h_4, s_4 et v_4
Étape 5	Nous calculons P_{7s} en réduisant progressivement sa valeur ($P_{7s} < P_C$) À partir de $s_{7s} = s_4$ et $\dot{m}_S = A_{7s} \cdot v_{7s} \cdot V_{7s}$ jusqu'au A_{7s} atteint sa valeur minimale; ce calcul donne P_{7s}, h_{7s}, v_{7s}, A_{7s} et V_{7s}
Étape 6	Le calcul de V_{7p} s'effectue à partir de l'équation (2.19) (h_{7p} est connu à partir de $P_{7p} = P_{7s}$ et $s_{2p} = s_4$); cette procédure donne V_{7p}, A_{7p} et v_{7p}
Étape 7	Nous calculons les conditions au col de la tuyère primaire en réduisant progressivement P_c ($P_G > P_c > P_{7p}$) utilisant $s_c = s_4$ et $V_c = [2(h_4 - h_c)]^{\frac{1}{2}}$ jusqu'à ce que $(\dot{m}_P / A_c) = (V_c / v_c)$ atteigne son maximum.
Étape 8	Nous choisissons $\dot{m}_P$ et nous obtenons A_c, A_{7p} et $A_8 = A_{7p} + A_{7s}$
Étape 9	En choisissant une valeur de P_8 ($P_7 < P_8 < P_C$) nous calculons V_8 à partir de l'équation (2.25) et donc, nous avons h_8 de l'équation (2.27); Une deuxième estimation de h_8 est obtenue à partir de P_8 et v_8 (qui sont calculés à partir de l'équation de l'énergie entre 7p, 7s et 8); Nous faisons varier P_8 jusqu'à l'obtention d'une égalité entre les deux valeurs de h_8; Cette procédure résulte aussi s_8 et v_8
Étape 10	À partir de $P_1 = P_C$ et $s_1 = s_8$ nous obtenons h_1; nous calculons V_1 à partir de l'équation (2.28); si $V_1 = 0$ la valeur proposée de $\dot{m}_P$ est alors juste (les calculs des combinaisons choisies de ΔT et P_G sont donc déterminés); si $V_1 \neq 0$ nous retournons à l'étape 8 et on choisi une autre valeur de $\dot{m}_P$
Étape 11	À partir des propriétés thermodynamiques et les débits massiques, nous calculons l'exergie détruite dans chaque composante (équations 2.36 à 2.42) et les pertes exergétiques (équation 2.44).
Étape 12	À partir des propriétés thermodynamiques et les débits massiques, nous calculons les températures T'_G, T''_G, T'_C ainsi que les différences de températures logarithmiques (équations 2.49a à 2.49c) et la conductance thermique (équation 2.50) pour chaque partie des trois échangeurs de chaleur

Table 2.2 : Procédure numérique pour la résolution du modèle.

2.3 Analyse exergétique

L'exergie spécifique, définie comme étant la capacité de production de travail par unité de débit, d'un état thermodynamique (i) se calcule par rapport à un état de référence (l'ambiance : P_0= 101,3 kPa et T_0= 25°C) selon l'équation générale suivante:

$$e_i = (h_i - h_0) - T_0 \cdot (s_i - s_0) \tag{2.34}$$

Ainsi, l'exergie à l'entrée de la source chaude se calcule comme suit :

$$e_{G,in} = (h_{G,in} - h_{G,0}) - T_0 \cdot (s_{G,in} - s_{G,0}) \tag{2.35a}$$

L'exergie à la sortie de la même source :

$$e_{G,out} = (h_{G,out} - h_{G,0}) - T_0 \cdot (s_{G,out} - s_{G,0}) \tag{2.35b}$$

L'exergie à l'entrée du condenseur (puits):

$$e_{C,in} = (h_{C,in} - h_{C,0}) - T_0 \cdot (s_{C,in} - s_{C,0}) \tag{2.35c}$$

L'exergie à la sortie du condenseur (puits):

$$e_{C,out} = (h_{C,out} - h_{A,0}) - T_0 \cdot (s_{C,out} - s_{C,0}) \tag{2.35d}$$

L'exergie à l'entrée de l'évaporateur (source froide):

$$e_{E,in} = (h_{E,in} - h_{E,0}) - T_0 \cdot (s_{E,in} - s_{E,0}) \tag{2.35e}$$

L'exergie à la sortie de l'évaporateur (source froide):

$$e_{E,out} = (h_{E,out} - h_{E,0}) - T_0 \cdot (s_{E,out} - s_{E,0}) \tag{2.35f}$$

Par ailleurs, l'exergie détruite dans chaque composante se calcule comme suit :
Pompe:

$$Ed_P = \dot{m}_p (e_2 - e_3) + w_P \tag{2.36}$$

Générateur

$$Ed_G = \dot{m}_p (e_3 - e_4) + \dot{m}_G (e_{G,in} - e_{G,out}) \tag{2.37}$$

Évaporateur
$$Ed_E = \dot{m}_s (e_5 - e_6) + \dot{m}_E \left(e_{E,in} - e_{E,out}\right) \quad (2.38)$$

Condenseur
$$Ed_C = \dot{m} (e_1 - e_2) + \dot{m}_C \left(e_{C,in} - e_{C,out}\right) \quad (2.39)$$

Valve de détente
$$Ed_V = \dot{m}_s (e_2 - e_5) \quad (2.40)$$

Ejecteur
$$Ed_{Ej} = \dot{m}_s\, e_6 + \dot{m}_P\, e_4 - \dot{m} e_1 \quad (2.41)$$

Exergie détruite totale :
$$Ed_T = Ed_P + Ed_G + Ed_E + Ed_C + Ed_V + Ed_{Ej} \quad (2.42)$$

Pertes exergétiques non-dimensionnelles :
$$\beta_{ex} = \left[Ed_T/(\dot{m}_G e_{G,in} + W_P)\right] \quad (2.43)$$

2.4 Thermodynamique en dimensions finies

Les concepts de la thermodynamique en dimensions finies consistent en l'étude détaillée des échangeurs de chaleur afin de déterminer la variation de la température le long de ces échangeurs. Le calcul des températures permet de visualiser la façon dont les transferts de chaleur se produisent au sein des échangeurs. Dans le cadre de ce mémoire, nous effectuerons également le calcul du UA spécifique à chaque échangeur ainsi que le UA total qui est la somme de celui du générateur, du condenseur et de l'évaporateur [14].

D'après les analyses éxergétiques et énergétiques de ce cycle, nous avons toutes les données nécessaires pour procéder au calcul des conductances thermiques de chaque échangeur de chaleur, les différents débits du réfrigérant $\dot{m}_p$, $\dot{m}_s$ et $\dot{m}$, les températures d'entrée du fluide extérieur à chaque échangeur : $T_{G,in}$, $T_{C,in}$ et $T_{E,in}$. Finalement, l'écart de température entre le réfrigérant et le fluide extérieur à chaque échangeur qui est fixé toujours au même ΔT, alors qu'il est égal à $\Delta T/2$ dans les sections les plus proches afin d'éviter le croisement des températures.

2.4.1 Générateur

Afin d'éviter le croisement des températures entre le fluide extérieur qui est l'eau et le réfrigérant, nous fixons un pincement minimal de $\Delta T/2$ entre le point (T''_G) de la source et le point (T_{3f}) du liquide saturé (figure 2.3). D'autre part, nous déterminons une différence de température ΔT entre le point d'entrée à la source $T_{G,in}$ et la sortie du générateur T_4 qui est surchauffée.

$$T''_G = T_{3f} + \Delta T/2 \qquad (2.44)$$

$$T_4 = T_{G,in} + \Delta T \qquad (2.45)$$

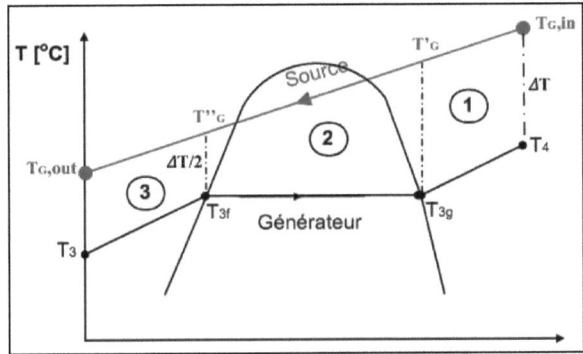

Figure 2.3: Évolution des températures dans le générateur

Le transfert de chaleur au niveau du générateur se produit aux trois parties montrées sur la figure (2.3) : Une partie surchauffée, une partie de mélange (liquide + vapeur) et la troisième partie concerne le liquide sous-refroidi.

La quantité de chaleur transférée entre le fluide externe et le réfrigérant dans les trois parties est :

$$Q_{G1} = \dot{m}_p(h_4 - h_{3g}) \qquad (2.46a)$$

$$Q_{G2} = \dot{m}_p(h_{3g} - h_{3f}) \qquad (2.46b)$$

$$Q_{G3} = \dot{m}_p(h_{3f} - h_3) \qquad (2.46c)$$

h_{3g} et h_{3f} sont tirées des tables thermodynamiques à $P_3=P_4, x_{3g}=1$ et $x_{3f}=0$ respectivement.

En parallèle, nous formulons le bilan énergétique en fonction du débit du fluide extérieur:

$$Q_{G1} = \dot{m}_G \cdot Cp_W \cdot (T_{G,in} - T'_G) \tag{2.47a}$$

$$Q_{G2} = \dot{m}_G \cdot Cp_W \cdot (T'_G - T''_G) \tag{2.47b}$$

$$Q_{G3} = \dot{m}_G \cdot Cp_W \cdot (T''_G - T_{G,out}) \tag{2.47c}$$

Ou bien sous forme de l'équation LMTD [15] :

$$Q_{G1} = UA_{G1} \cdot \delta T_{ln,G1} \tag{2.48a}$$

$$Q_{G2} = UA_{G2} \cdot \delta T_{ln,G2} \tag{2.48b}$$

$$Q_{G3} = UA_{G3} \cdot \delta T_{ln,G3} \tag{2.48c}$$

Tels que les $\delta T_{ln,Gi}$ se calculent à partir de l'équation de la différence de température logarithmique moyenne en se référant à la figure (2.3):

$$\delta T_{ln,G1} = \frac{(T_{G,in} - T_4) - (T'_G - T_{3g})}{\ln[(T_{G,in} - T_4)/(T'_G - T_{3g})]} \tag{2.49a}$$

$$\delta T_{ln,G2} = \frac{(T'_G - T_{3g}) - (T''_G - T_{3f})}{\ln[(T'_G - T_{3g})/(T''_G - T_{3f})]} \tag{2.49b}$$

$$\delta T_{ln,G3} = \frac{(T_{G,in} - T_4) - (T_{G,out} - T_3)}{\ln[(T_{G,in} - T_4)/(T_{G,out} - T_3)]} \tag{2.49c}$$

Finalement, la conductance thermique du générateur, soit la somme des trois conductances partielles, s'écrit:

$$UA_G = UA_{G1} + UA_{G2} + UA_{G3} \tag{2.50}$$

À partir des équations (2.46) nous pouvons calculer Q_{G1}, Q_{G2} et Q_{G3}.

En combinant des deux équations : (2.47a) et (2.47b) nous déduisons $\dot{m}_G$:

$$\dot{m}_G = \frac{Q_{G1} + Q_{G2}}{Cp_W [T_{G,in} - T'_G - (\Delta T/2)]} \tag{2.51}$$

Les équations (2.47a), (2.47b) et (2.47c) nous donnent T'_G, T''_G et $T_{G,out}$ respectivement. En remplaçant ces températures dans les équations (2.49a), (2.49b) et (2.49c) nous obtenons la moyenne logarithmique des différences de températures. En substituant ces dernières dans les équations (2.48a), (2.48b) et (2.48c) nous déduisons la valeur de UA_{G1}, UA_{G2} et UA_{G3} et ensuite, on obtient la conductance thermique du générateur à partir de l'équation (2.50).

Ci-après, la procédure détaillée pour le calcul du UA total du générateur (figure 2.4).

Les données fixes sont ΔT et $T_{G,in}$, tandis que $P_4=P_3$, x_{3g}, x_{3f}, h_3, h_4, Cp_w et $\dot{m}_p$ sont les résultats obtenus à partir de l'analyse énergétique.

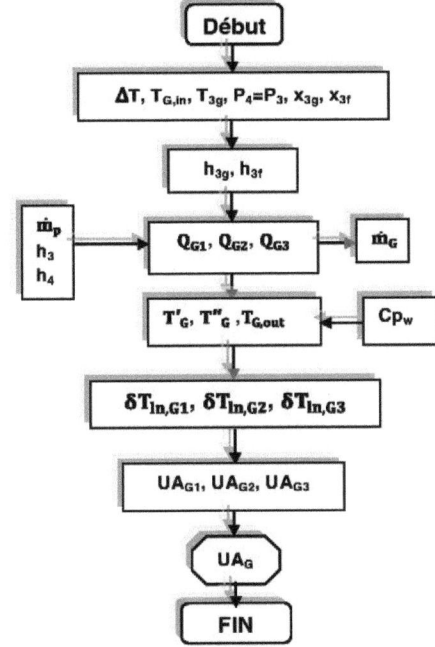

Figure 2.4 : Organigramme de calcul de l'UA du générateur

2.4.2 Condenseur

Le principe de détermination des différentes températures le long du condenseur et du calcul des conductances thermiques est identique à celui du générateur, mais l'échange de chaleur entre les deux fluides (intérieur et extérieur) se fait en deux parties : une zone biphasique (1) et l'autre surchauffée (2), comme il est indiqué sur la figure (2.5).

Pour le condenseur, nous fixons le même ΔT entre l'entrée de l'ambiance (où on jette la chaleur extraite du réfrigérant) et la sortie du condenseur. Pour éviter le croisement des températures au sein de ce transfert de chaleur, nous posons un pincement $\Delta T/2$ entre les températures des deux fluides à l'état de saturation gazeuse.

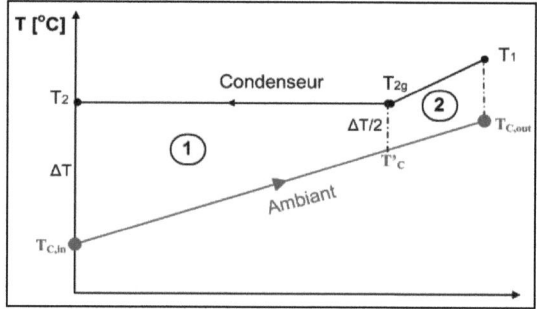

Figure 2.5 : Évolution des températures dans le condenseur

$$T_2 = T_{C,in} + \Delta T \tag{2.52a}$$

$$T'_C = T_{2g} + {\Delta T}/{2} \tag{2.52b}$$

Le bilan énergétique qui décrit les deux flux de chaleur au condenseur est :

$$Q_{C1} = \dot{m}.(h_{2g} - h_2) \tag{2.53a}$$

$$Q_{C2} = \dot{m}.(h_1 - h_{2g}) \tag{2.53b}$$

En fonction de débit du fluide extérieur, le bilan d'énergie s'écrit :

$$Q_{C1} = \dot{m}_C.Cp_W.(T'_C - T_{C,in}) \tag{2.54a}$$

$$Q_{C2} = \dot{m}_C.Cp_W.(T_{C,out} - T'_C) \tag{2.54b}$$

La méthode de LMTD donne les équations:

$$Q_{C1} = UA_{C1}.\delta T_{ln,C1} \tag{2.55a}$$

$$Q_{C2} = UA_{C2}.\delta T_{ln,C2} \tag{2.55b}$$

Avec:

$$\delta T_{ln,C1} = \frac{(T_2-T_{C,in})-(T_{2g}-T'_C)}{\ln[(T_2-T_{C,in})/(T_{2g}-T'_C)]} \tag{2.56a}$$

$$\delta T_{ln,C2} = \frac{(T_1-T_{C,out})-(T_{2g}-T'_C)}{\ln[(T_1-T_{C,out})/(T_{2g}-T'_C)]} \tag{2.56b}$$

Dans ce cas là, la conductance thermique totale du condenseur est égale à la somme des deux conductances partielles, UA_{C1} et UA_{C2} :

$$UA_C = UA_{C1} + UA_{C2} \tag{2.57}$$

2.4.3 Évaporateur

L'évaporateur est composé d'une seule zone de transfert, celle du changement de phase. Le pincement se produit au point où le liquide du fluide frigorifique devient saturé, c'est-à-dire, sur la courbe du liquide saturé. Ce pincement est aussi posé égal à $\Delta T/2$. En revanche, sur l'autre côté de la courbe de saturation (vapeur saturé) nous posons ΔT (voire figure 2.6).

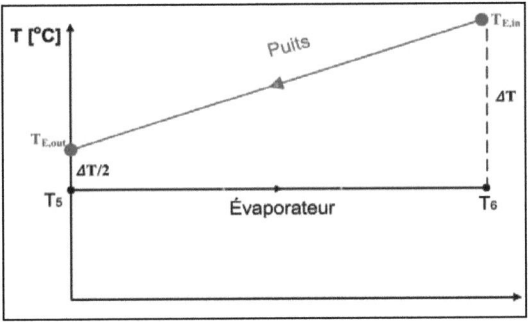

Figure 2.6: Évolution des températures dans l'évaporateur

Le UA de l'évaporateur se calcule à partir de l'équation :

$$UA = Q_E / \delta T_{ln,E} \tag{2.58}$$

Q_E est déjà fixé à 5 kW alors que $\delta T_{ln,E}$ doit se calculer à partir de l'équation :

$$\delta T_{ln,C1} = \frac{(T_{E,in} - T_6) - (T_{E,out} - T_5)}{\ln[(T_{E,in} - T_6)/(T_{E,out} - T_5)]} \tag{2.59}$$

Le seul inconnu dans cette équation est la température à la sortie du puits, $T_{E,out}$ qui se déduit de l'équation suivante :

$$Q_E = \dot{m}_E \cdot Cp_W \cdot (T_{E,in} - T_{E,out}) \tag{2.60}$$

2.4.4 Fonction objective

Un bon design est celui qui fournit la puissance frigorifique désirée Q_E et minimise les coûts d'investissement et de fonctionnement du système. Le coût d'investissement est estimé à partir de la taille du système, qui peut être mesurée par la valeur de la conductance thermique totale UA. Le coût de fonctionnement est en grande partie déterminé par l'apport d'énergie (Q_G + W_P). Une façon (mais pas la seule) de combiner ces deux paramètres est de les multiplier et chercher les conditions de conception qui minimisent ce produit.

$$F = UA \cdot (Q_G + W_P) \qquad (2.61a)$$

La fonction objective F est la version non-dimensionnelle (équation 2.57b) de ce produit et la minimisation de sa valeur est un objectif de conception valide :

$$F = UA \cdot (T_{in,C} - T_{in,E})/(Q_E \cdot COP) \qquad (2.61b)$$

2.5 Résultats et discussion

La résolution numérique de toutes les équations présentées dans ce chapitre est réalisée par le logiciel EES (Engineering Equation Solver), qui permet de résoudre des systèmes d'équations algébriques, des équations différentielles et des équations à variables complexes. EES permet également d'optimiser les paramètres de modélisation d'un système, de calculer des régressions linéaires et non linéaires et de générer des courbes de grande qualité. De plus, de nombreuses fonctions mathématiques et thermodynamiques utilisées dans le milieu de l'ingénierie sont incorporées dans le logiciel. On y retrouve les tables thermodynamiques pour plusieurs réfrigérants (y compris une partie de nouveaux mélanges).

L'ensemble des résultats présentés ci-après est obtenu pour les valeurs fixées auparavant ($T_{G,in}$ = 95°C, $T_{C,in}$ = 20°C, $T_{E,in}$ = 10°C et Q_E = 5kW) avec les quatre réfrigérants sélectionnés.

Avant d'illustrer l'influence de la pression P_G sur les performances du système, il est judicieux de présenter les résultats des paramètres constants qui ne dépendent pas de la variation de la pression P_G pour chaque fluide. Pour ces mêmes conditions, le débit du fluide extérieur venant du puits ($\dot{m}_E$), la pression du fluide primaire et secondaire à l'entrée de la chambre de mélange (P_7), la pression au niveau du condenseur ($P_C = P_1 = P_2$), le débit massique du fluide secondaire ($\dot{m}_s$), la conductance thermique de l'évaporateur (AU_E) et la section de l'écoulement secondaire à l'entrée de la section de mélange (A_{7S}) sont indépendants de P_G (tableau 2.3).

En particulier, le débit du fluide extérieur ($\dot{m}_E$) et la conductance thermique de l'évaporateur (UA_E) sont fixes pour tous les fluides, sachant que l'effet frigorifique Q_E, la pression à l'évaporateur ($P_E = P_5 = P_6$) et la température ($T_5 = T_6$) sont constants pour les 4 fluides.

		R134a	R152a	R290	R600a
$P_{sat}(T_G)$	[kPa]	3247	2882	3765	1614
$P_C = P_2 = P_1$	[kPa]	665.8	597.2	952.2	350.8
$P_E = P_5 = P_6$	[kPa]	349.9	315.2	551.2	187.5
P_7	[kPa]	206.6	184.4	324.1	110.7
$\dot{m}_s$	[kg/s]	0.0299	0.0188	0.0159	0.0169
$\dot{m}_E$	[kg/s]	0.4762	0.4762	0.4762	0.4762
UA_E	[kW/K]	1.386	1.386	1.386	1.386
A_{7S}	[cm^2]	6.232	5.365	3.144	8.832

Tableau 2.3 : Paramètres indépendants de la pression P_G pour $\Delta T = 5°C$

Le R600a a les basses pressions à l'évaporateur et au condenseur ce qui signifie que les échangeurs de chaleur sont plus légers. Le R290 possède le plus petit éjecteur.

2.5.1 Effet de la pression du générateur sur les performances avec $\Delta T = 5°C$

Sur la figure 2.7, le coefficient de performance augmente d'une façon monotone avec l'augmentation de la pression P_G, et cela pour les quatre fluides. Cette augmentation est due au fait que, quand P_G augmente, l'écart (h_4-h_3) reste pratiquement constant tandis que le débit du fluide primaire diminue. Donc le dénominateur de l'équation (2.32) diminue tandis que le numérateur reste toujours fixe (Q_E = 5 kW). Ainsi, la figure 2.7 permet de conclure que les coefficients de performance des quatre réfrigérants augmentent avec la pression P_G; avec néanmoins un léger ralentissement de la performance du réfrigérant R134a aux grandes pressions comparativement aux 3 autres réfrigérants.

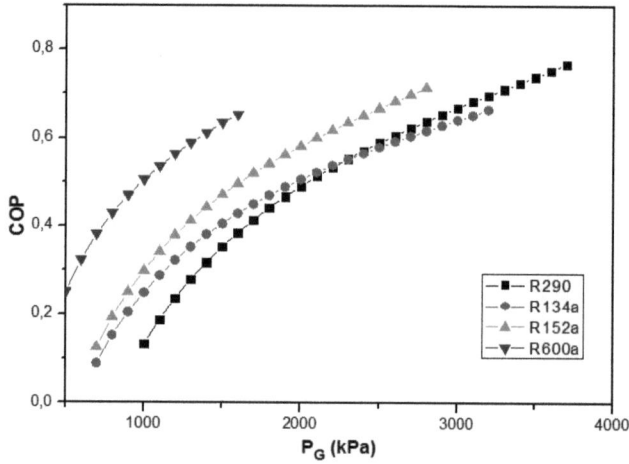

Figure 2.7: L'influence de P_G sur le coefficient de performance

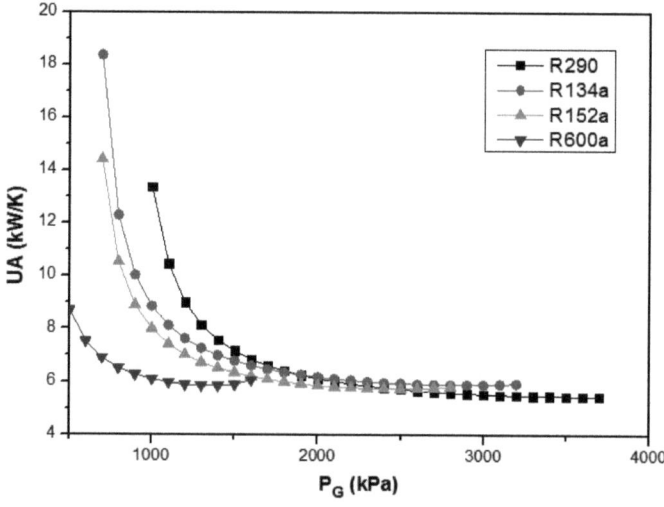

Figure 2.8: L'influence de P_G sur la conductance thermique totale du système

Pour des valeurs élevées de P_G, la conductance thermique ne varie pas beaucoup, tandis qu'elle converge vers un minimum aux alentours de 2900 kPa pour le R134a, 2500 kPa pour le R152a et 1400 kPa pour le R600a. Cependant, cette variation est monotone pour le R290 dans la plage de P_G étudiée.

Il est important d'illustrer la coïncidence de ces valeurs avec celles qui minimisent le débit du fluide extérieur au niveau du générateur ($\dot{m}_G$), comme le montre la figure 2.9.

Cela s'explique par l'équation :

$$UA_{G1} = \dot{m}_G \frac{Cp_w(T_{G,in} - T_{G'out})}{\delta T_{ln,G1}} \quad (2.62)$$

Qui est la combinaison des équations (2.51) et (2.52)

D'après l'équation (2.62), la variation de UA_G est proportionnelle à celle de $\dot{m}_G$ qui passe par un minimum à une pression précise pour chaque fluide.

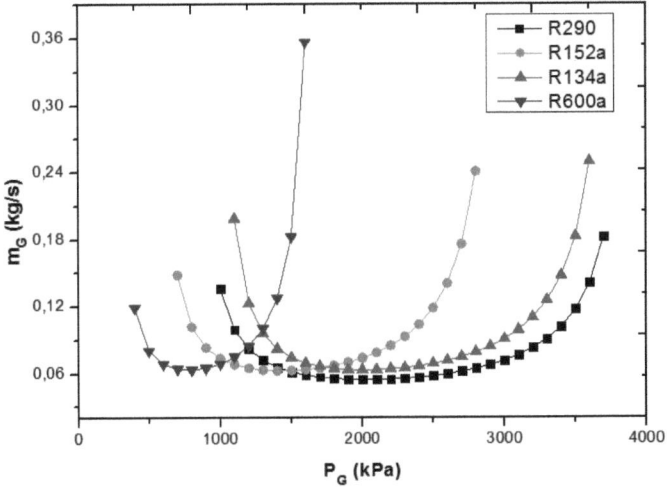

Figure 2.9: L'influence de P_G sur le fuide externe au générateur

Cette coïncidence, entre les valeurs de P_G qui minimisent le UA et $\dot{m}_G$ simultanément, est causée par la variation du fluide externe au condenseur qui est pratiquement le premier facteur responsable de la variation de UA_C et par conséquent la conductance totale. À titre d'exemple, pour le R134a, à une pression P_G = 2900 kPa le UA_C représente environ 60% du UA totale qui égale à 5.88 kW/K, (UA_C = 3.51 kW/K), (figure 2.8).

Les valeurs du débit de fluide externe $\dot{m}_C$ au niveau du condenseur diminuent d'une façon très importante (Pour le R134a, de 4.4 kg/s à 1.2 kg/s) par rapport à celles des autres débits ($\dot{m}_G$ et $\dot{m}_E$), ce qui confirme son action sur la variation de UA_C et par conséquent le UA total.

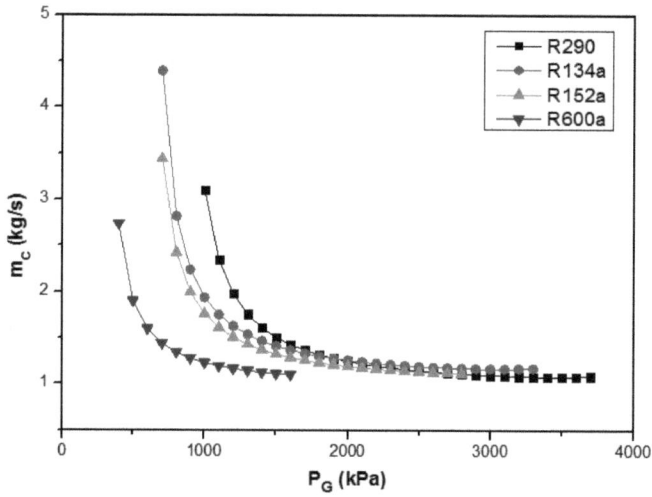

Figure 2.10: L'influence de P_G sur le fuide externe au générateur

Les pertes exergétiques dans ce système (Figure 2.11), diminuent d'une façon monotone avec l'augmentation de la pression au générateur. Cette diminution est proportionnelle à celle de l'exergie détruite au niveau des composantes et en particulier au niveau du générateur de vapeur. Pour de faibles valeurs de P_G, la surchauffe au point 4 est importante, il en résulte un grand écart de température entre le réfrigérant à la température T_{3g} et la source chaude à T'_G, avec, pour conséquence, une grande destruction d'exergie dans la zone surchauffée du générateur. Comme les valeurs du débit externe de la source $\dot{m}_G$ et le travail de la pompe W_P sont moindres par rapport à celle de l'exergie détruite, les pertes exergétiques, selon l'équation 2.43, ne peuvent qu'être importantes.

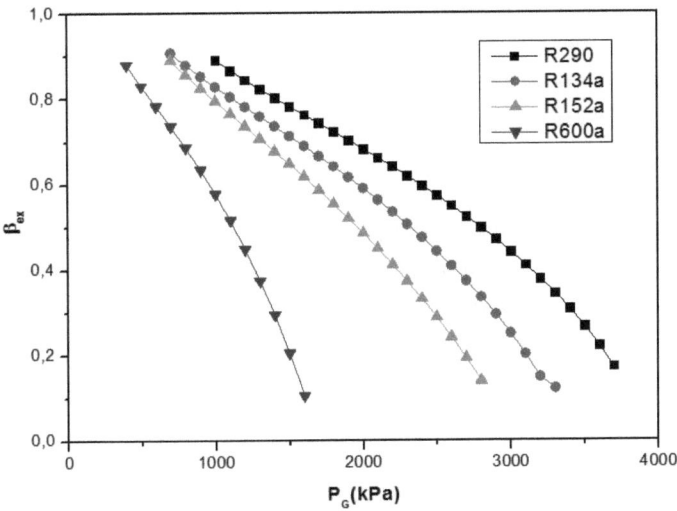

Figure 2.11: L'influence de P_G sur les pertes exergétiques du système

En revanche, quand la pression P_G augmente, la surchauffe au point 4 devient de plus en plus faible, ce qui minimise les irréversibilités et par conséquent les pertes exergétiques.

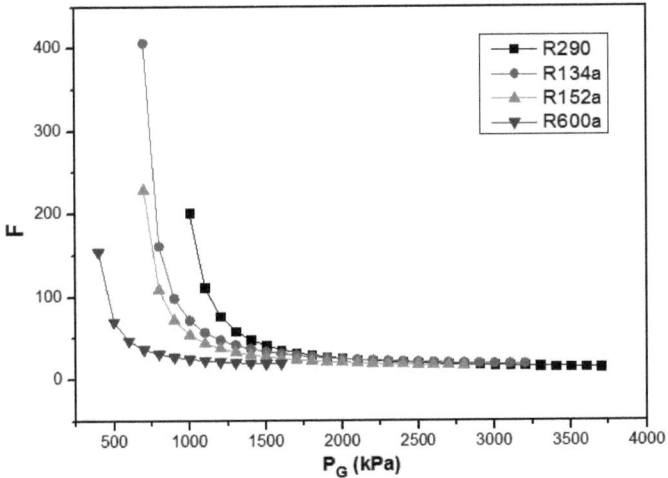

Figure 2.12: L'influence de P_G sur la fonction objective

Afin de déterminer la pression qui optimise notre système, nous avons introduit une fonction objective non dimensionnelle (équation 2.561b). Cette fonction varie qualitativement de la même façon que la conductance thermique (UA). Sur la figure 2.12, nous remarquons bien que, pour des faibles valeurs de P_G, la fonction objective montre des valeurs importantes dues aux grandes valeurs des UA (figure 2.8) et des faibles du COP (figure 2.7). D'autre part, quand P_G augmente, la valeur de F diminue à cause de la diminution des UA et de l'augmentation du COP. Les valeurs de F varient légèrement pour des grandes pressions, ces variations peuvent être considérées comme étant négligeable pour des pressions à 15% de la pression maximale.

Il est à signaler que la courbe du fluide R600a passe par un minimum aux alentours d'une pression P_G = 1500 kPa, tandis que celles des autres fluides subissent une diminution monotone.

2.5.2 Effet ΔT sur les performances

Dans cette partie, nous exposerons l'influence de ΔT sur les performances du système en gardant les mêmes paramètres (Q_E = 5 kW, $T_{G,in}$ = 95 °C, $T_{C,in}$ = 20 °C, $T_{E,in}$ = 10 °C), en rajoutant une pression P_G correspondant à chaque fluide (R134a, R152a, R290 et R600a).

Tout d'abord, le choix d'une valeur P_G fixe pour chacun des fluides est dicté par l'étude précédente (section 2.5.1). En effet, quand P_G augmente le COP augmente et la somme des UA diminue ce qui minimise le coût de notre système. Nous avons donc tout intérêt à choisir une valeur de P_G élevée tout en s'assurant que l'état 4 et celui du col de la tuyère primaire soient surchauffés. Ces choix ont été confirmés et vérifiés par les résultats de la section 5.2.1 dont lesquelles nous avons démontré l'existence d'une pression optimale qui minimise le UA total pour chaque fluide. D'après la section 2.5.1, les valeurs de P_G choisies sont 2900 kPa pour le R134a, 2500 kPa pour le R152a, 3400 kPa pour le R290 et 1400 kPa pour le R600a.

Pour ces conditions, tous les états changent à chaque variation de ΔT. La pression au niveau de l'évaporateur (P_E = P_5 = P_6), la pression (P_7) à l'entrée de la section de mélange, le débit massique du fluide secondaire (m_s) et la section (A_{7s}) du fluide secondaire à l'entrée de la chambre de mélange ne dépendent que de ΔT, leurs valeurs sont présentées sur le tableau 2.3 pour ΔT = 5°C. Nous notons que l'augmentation de ΔT provoque la diminution des valeurs de P_5 = P_6 et P_7. En outre, lorsque ΔT augmente, la différence d'enthalpie spécifique (h_6 - h_5) dans l'évaporateur diminue, et, comme Q_E est fixé, le débit massique du fluide secondaire $\dot{m}_s$ augmente. Toutefois, l'augmentation de $\dot{m}_s$ est d'environ 10% lorsque ΔT augmente de 100%. Cette augmentation du débit secondaire provoque une augmentation correspondante de la section A_{7S}.

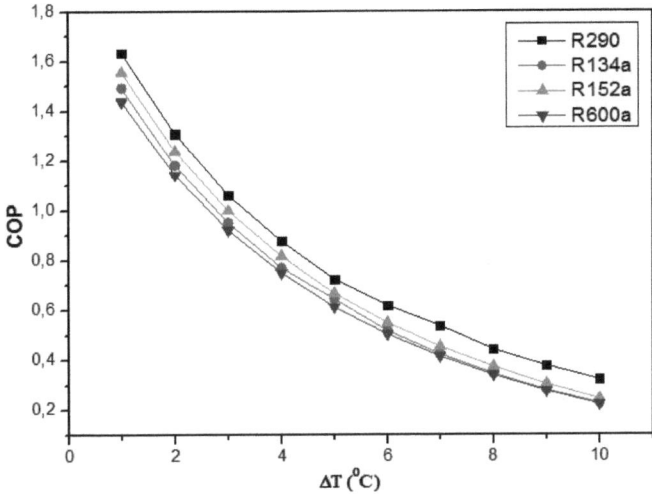

Figure 2.13: L'influence de ΔT sur le coefficient de performance

La figure 2.13 montre que le coefficient de performance diminue d'une façon monotone avec l'augmentation de ΔT. Ceci est dû au fait que, quand ΔT augmente, l'écart (h_4-h_3) reste pratiquement constant tandis que le débit du fluide primaire augmente. Donc le dénominateur de l'équation (2.28) augmente tandis que le numérateur est toujours fixe (Q_E = 5 kW). Ces résultats montrent que la variation du COP est très sensible à celle des valeurs de ΔT.

La figure 2.14 présente la variation de la conductance thermique totale. Pour des valeurs élevées de ΔT, la conductance thermique ne varie pas beaucoup, tandis qu'elle passe par un minimum aux alentours d'un ΔT = 7 °C pour le R134a, R290 and R600a. Par contre, son minimum se produit à ΔT = 8 °C pour le R152a. On observe une coïncidence parfaite entre les courbes du R134a et du R600a, ainsi qu'entre celles du R290 et du R152a.

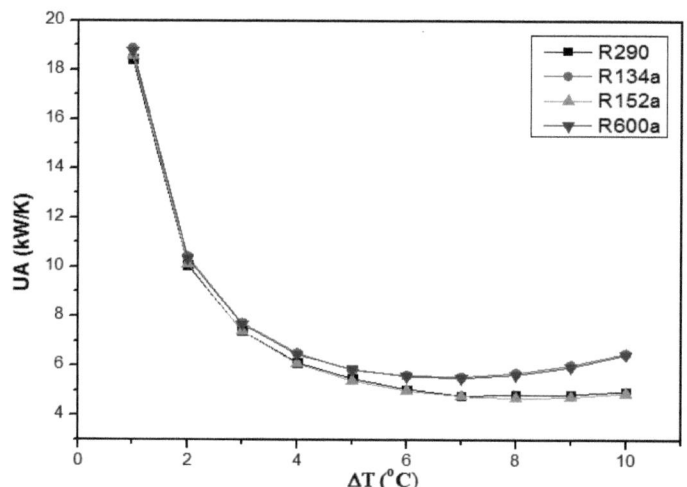

Figure 2.14: L'influence de ΔT sur la conductance thermique

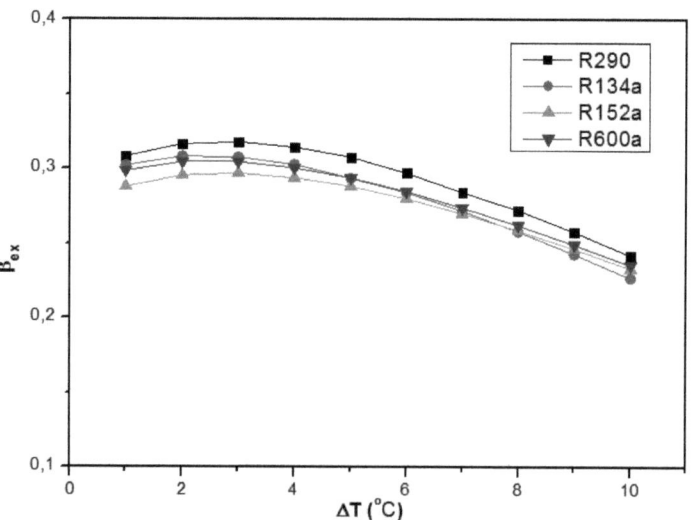

Figure 2.15: L'influence de ΔT sur les pertes exergétiques

La figure 2.15 indique que les pertes exergétiques varient légèrement avec la variation de la différence de température ΔT. Les courbes des quatre fluides passent par un maximum autour de ΔT= 3°C puis diminuent d'une façon monotone en augmentant ΔT. L'exergie détruite totale Ed_T est le facteur principal de la variation de ces pertes exergétiques, en comparaison avec les petites variations de $\dot{m}_G$ et W_P. Pour de petites valeurs de ΔT, la plus faible valeur de ces pertes est obtenue pour le R152a tandis que la plus grande valeur revient au R290.

La fonction objective définie auparavant (équation 2.61), atteint un minimum à un ΔT proche de 3°C, puis elle subit une augmentation monotone avec l'augmentation de ΔT. L'existence d'un minimum de F est expliquée par l'allure des courbes du COP (Figure 2.13) et du UA (Figure 2.14) qui montrent que le COP est grand pour les faibles valeurs de ΔT tandis que la somme des UA est petite pour ces mêmes valeurs de ΔT. Le rapport conduit donc à la variation de F illustrée dans la figure 2.16 et à l'existence d'une valeur optimale de ΔT qui minimise F, donc le produit du coût initial et du coût d'opération.

Ce minimum est plus avantageux avec le R290 (F = 13.97), il l'est moins avec le R600a (F = 17.18).

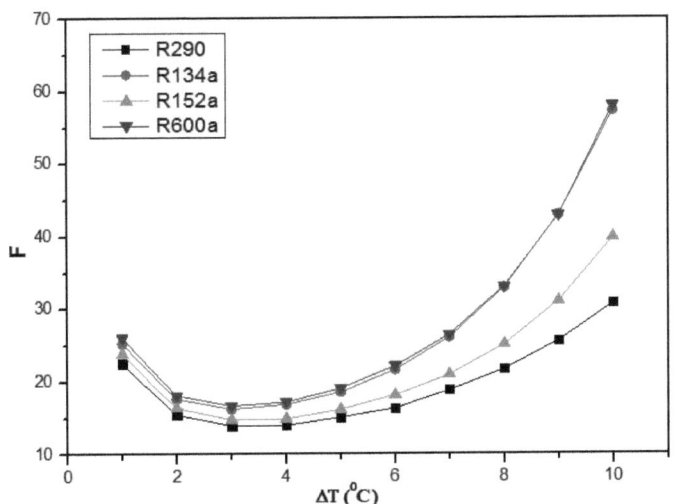

Figure 2.16: L'influence de ΔT sur la fonction objective

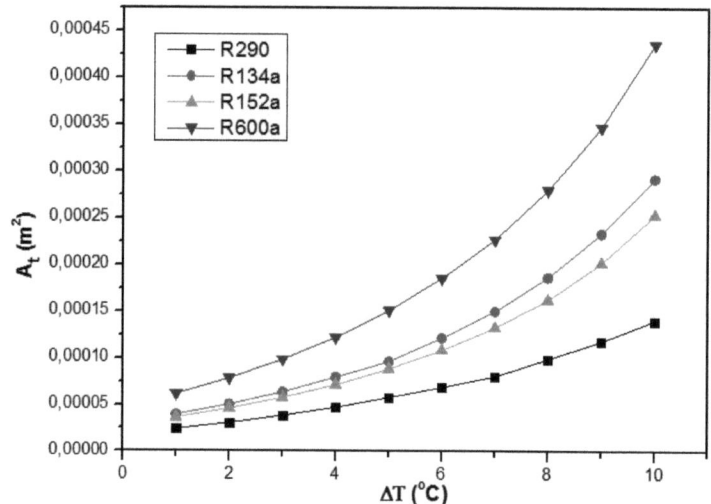

Figure 2.17: L'influence de ΔT sur la section du col de la tuyère primaire

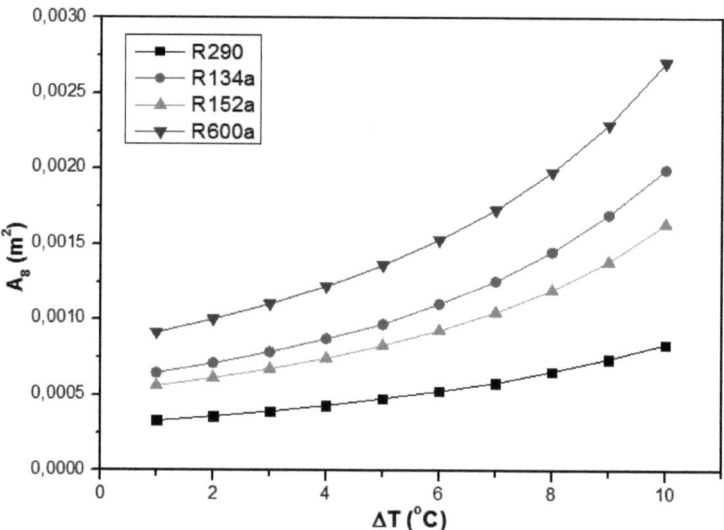

Figure 2.18: L'influence de ΔT sur la section de la chambre de mélange

Quant aux dimensions de l'éjecteur, la section du col de la tuyère primaire représentée sur la figure 2.17, croît d'une façon monotone avec l'augmentation de ΔT. Pour de petites valeurs de ΔT, la section au col de la tuyère primaire est très petite et avantageuse.

La même remarque s'applique sur la section de la chambre de mélange (figure 2.18). Il est donc préférable de fixer des petits écarts de température entre le réfrigérant et les fluides externes afin d'assurer une meilleure performance aux éjecteurs aux petits dimensions.

2.6 Conclusion

L'analyse que nous avons présentée dans ce chapitre, nous a conduit à tirer deux conclusions importantes :

Pour une capacité frigorifique fixe et des températures fixes des fluides externes entrant au générateur, au condenseur et à l'évaporateur, les systèmes de réfrigération à éjecteur doivent être conçus pour de hautes pressions au niveau du générateur. Ceci est argumenté par les valeurs élevées du COP et le rendement exergétique (pertes éxergétiques) tandis que la conductance thermique totale du système est petite. Les résultats pour une différence donnée de température dans les échangeurs thermiques prouvent l'existence d'une pression optimale au niveau du générateur conduisant à un minimum de la conductance thermique totale du système. Pour un $\Delta T = 5$ °C cette pression optimale est égale à 2900 kPa pour R134a, 2500 kPa pour R152a, 3400 kPa pour R290 et 1400 kPa pour R600a. D'autre part, les résultats montrent que pour ces pressions optimales, il existe une valeur particulière de ΔT qui mène à des valeurs encore plus petites de la conductance thermique totale. Cette valeur optimum de ΔT est 7 °C pour R134a et R600a, 8 °C pour R152a et R290.

CHAPITRE 3

CYCLES CONVENTIONNELS À UN ET DEUX COMPRESSEURS

L'étude du système conventionnel à un seul compresseur est une introduction à celle du système à deux étages de compression.

3.1 Cycle conventionnel à un seul compresseur

Un système de réfrigération conventionnel est composé de quatre composantes : un compresseur, un condenseur, une valve de détente et un évaporateur (figure 3.1).

L'objectif principal d'un système de réfrigération est de maintenir une enceinte froide à une température inférieure à l'ambiante.

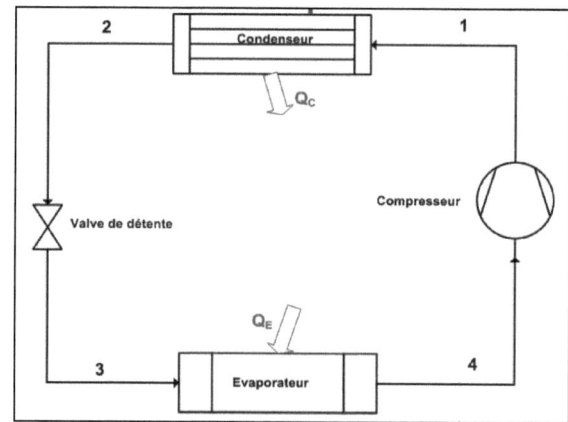

Figure 3.1: Schéma du cycle conventionnel à un seul compresseur

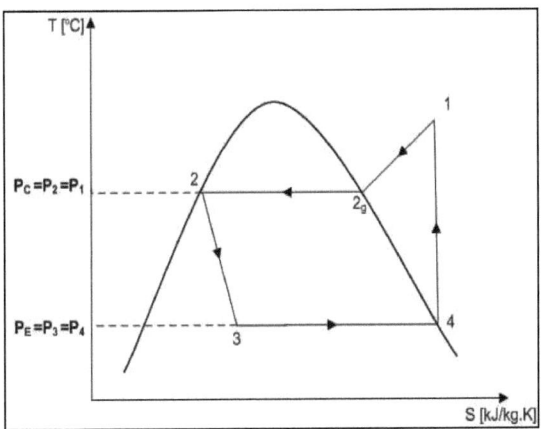

Figure 3.2: Diagramme T-S du cycle conventionnel à un seul compresseur

Le principe consiste à évaporer un fluide frigorigène à basse pression et donc à basse température (état 3) dans un évaporateur en contact avec une source froide (Eau, air...etc.). Pour cela, il faut que la température T_E du réfrigérant soit inférieure à celle de la source froide. Le fluide est ensuite comprimé d'une pression P_4 (état 4) à une pression telle que sa température de condensation T_C soit supérieure à la température ambiante, $P_1 = P_2$ (état 1).

Par échange thermique avec l'air ambiant, le réfrigérant se refroidit à partir de la température T_1 jusqu'à ce qu'il se condense à une température T_2 (état 2). Le liquide subit ensuite une détente isenthalpique jusqu'à la basse pression $P_3 = P_4$, et se dirige dans l'évaporateur. Le cycle est ainsi complété (figure 3.2).

3.2 Analyse énergétique

L'analyse énergétique d'un système de réfrigération conventionnel est parfaitement identique à celle du système à éjecteur, citée dans le chapitre précédent, elle se fonde également sur le premier principe de la thermodynamique pour calculer et déterminer chaque état du cycle (T, P, h, s, v, x) et par conséquent le coefficient de performance. Les hypothèses qui peuvent simplifier cette étude sont pratiquement les mêmes que celles utilisées pour le cycle précédent. Nous prenons en considération les hypothèses suivantes :

- À la sortie de l'évaporateur (état 4): vapeur saturée.
$$x_4 = 1 \tag{3.1}$$
- À la sortie du condenseur (état 2): liquide saturé.
$$x_2 = 0 \tag{3.2}$$
- La détente dans la valve est isenthalpique.
$$h_2 = h_3 \tag{3.3}$$
- Le rendement du compresseur est 100% (compression isentropique).
$$s_1 = s_4 \tag{3.4}$$
- Les transformations dans les échangeurs de chaleur sont isobares (P=constant).
$$P_3 = P_4 \tag{3.5}$$
$$P_2 = P_1 \tag{3.6}$$

3.2.1 Détermination des états du cycle

Contrairement au cycle à éjecteur, le cycle conventionnel contient seulement deux niveaux de pression. La première étape pour procéder à cette analyse, est de fixer ces deux niveaux de température en respectant la différence de température imposée.

$T_{C,in}$: Température du fluide extérieur à l'entrée du condenseur,

$T_{E,in}$: Température du fluide extérieur à l'entrée de l'évaporateur,

ΔT: Différence de température entre le réfrigérant et le fluide extérieur.

À partir de ces valeurs imposées, nous calculons:

$$T_2 = T_{C,in} + \Delta T \tag{3.7}$$
$$T_4 = T_3 = T_{E,in} - \Delta T \tag{3.8}$$

Ces températures nous conduisent à déterminer les pressions correspondantes :
- $P_C = P_2 = P_1$ et h2 à partir de T2 et x2 = 0.
- $P_E = P_3 = P_4$ et h_4, s_4 et v_4 à partir de T_4 et $x_4 = 1$.

Pour un réfrigérant spécifie, nous déterminons en suite $h_3, h_4, s_3, s_4, v_3, v_4$ et x_3 en fonction des paramètres thermodynamiques calculés aux équations (3.1), (3.2), (3.3), (3.5) et (3.8).

Comme la compression du réfrigérant dans le compresseur est considérée isentropique, donc, à partir des équations (3.4) et (3.6) nous déterminons h_1, T_1 et v_1 à partir des tables thermodynamiques. D'autre part, en connaissant T_2, P_2 et x_2, nous déterminons h_2, s_2 et v_2.

3.2.2 Modélisation du compresseur

La nouvelle composante dans ce système est le compresseur, son analyse nécessite un paramètre important en fonction du type de compresseur. Nous considérons un compresseur à piston ayant un espace mort, correspondant au volume non balayé entre le dessus du piston et le fond du cylindre lorsque le piston est en position haute maximale, C = 0.04 [16]. Le déplacement du piston entre le volume minimal et le volume maximal est illustré sur la figure (3.3).

On définit le facteur de l'espace mort par l'équation:
$$C = V_{min}/(V_{max} - V_{min}) \qquad (3.9)$$

Avec :
$$\dot{m} = [1 + C - C(P_1/P_4)^{1/\gamma}].DB/v_1 \qquad (3.10)$$

Tel que:
$$\gamma = c_{P1}/c_{V1}, \; DB = V_{max} - V_{min} \qquad (3.11)$$

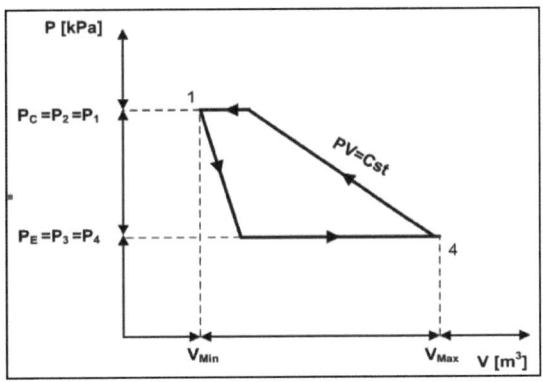

Figure 3.3 : Diagramme P-V du compresseur

Pour une puissance frigorifique connue Q_E, nous calculons le débit massique du fluide frigorigène d'après l'équation :
$$\dot{m} = Q_E/(h_4 - h_3) \qquad (3.12)$$

La chaleur dégagée lors de la condensation du réfrigérant est :
$$Q_C = \dot{m}.(h_1 - h_2) \qquad (3.13)$$

Le travail de compression est calculé par :

$$\dot{W} = \dot{m}.(h_1 - h_4) \qquad (3.14)$$

Le coefficient de performance se calcule donc par l'équation :

$$COP = Q_E/\dot{W} \qquad (3.15)$$

3.3 Analyse éxergétique

En vue de connaitre l'exergie à chaque point et la destruction d'exergie dans chaque composante du système, une analyse exergétique fondée sur le deuxième principe de la thermodynamique est présentée dans cette partie, elle évoque tous les paramètres thermodynamiques déjà calculés auparavant.

Donc, l'exergie spécifique d'un état thermodynamique (i) par rapport à l'état de référence (l'ambiance : P_0= 101.3 kPa et T_0= 25°C) se calcule selon l'équation générale (2.31) citée au chapitre précédent.

Les exergies des fluides extérieurs à l'évaporateur et au condenseur sont données par les équations (2.35c), (2.35d), (2.35e) et (2.35f), en considérant l'ordre de chaque état dans le nouveau cycle.

De même pour l'exergie détruite dans chaque composante, elle se calcule d'une façon analogue à celle du système précédent. La seule composante qui s'ajoute dans ce cycle est le compresseur dont l'exergie détruite se calcule comme suit :

$$Ed_{Comp} = \dot{m}\,(e_4 - e_1) + \dot{W} \qquad (3.16)$$

Exergie détruite totale :

$$Ed_T = Ed_E + Ed_C + Ed_V + Ed_{Comp} \qquad (3.17)$$

Pertes exergétiques non-dimensionnelles:

$$\beta_{ex} = Ed_T/\dot{W} \qquad (3.18)$$

3.4 Thermodynamique aux dimensions finies

Dans ce système à compression de vapeur, l'approche de la thermodynamique en dimensions finies s'applique aux deux échangeurs de chaleur (condenseur et évaporateur) afin de déterminer la variation de la température le long de ces derniers. Le principe de cette analyse est identique à celui du système précédent (système à éjecteur). Nous calculons au premier lieu les températures le long des échangeurs avant de calculer la conductance thermique spécifique à chaque échangeur ainsi que la conductance thermique totale qui est la somme de celle du condenseur et de l'évaporateur.

3.4.1 Condenseur

Le transfert de chaleur au niveau du condenseur se produit en deux parties: une partie biphasique (1) et l'autre surchauffée (2), tel que le montre la figure 3.4.

La température d'entrée du fluide externe au condenseur $T_{C,in}$ et la différence de température entre $T_{C,in}$ et la température du réfrigérant à la sortie du condenseur T_2 étant connues; nous imposerons, et ce afin d'éviter le croisement des températures le long du condenseur, un pincement $\Delta T/2$ entre les températures des deux fluides à la courbe de saturation gazeuse (voire figure 3.4).

$$T_2 = T_{C,in} + \Delta T \qquad (3.19a)$$
$$T'_C = T_{2g} + \Delta T/2 \qquad (3.19b)$$

La conductance thermique du condenseur sera calculée de la même façon que pour le système à éjecteur (voire chapitre 2).

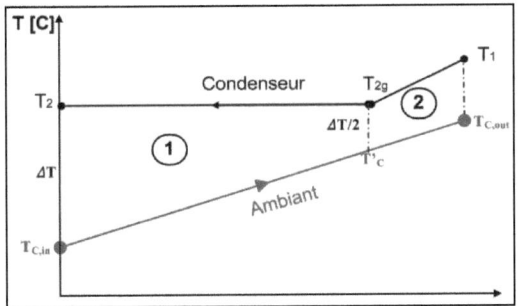

Figure 3.4: Évolution des températures dans le condenseur

À partir de T_2, P_2 et x_2 nous calculons h_{2g} et par conséquent Q_{C1} et Q_{C2} selon les équations 2.53a et 2.53b. Connaissant Cp_W et la température T'_C (équation 3.19b), nous déduisons le débit du fluide extérieur $\dot{m}_C$ et la température $T_{C,out}$ à partir de l'équation (2.54b). Les équations (2.56a et 2.56b) nous permettent d'obtenir les différences des températures logarithmiques moyennes

$\delta T_{ln,C_1}$ et $\delta T_{ln,C_2}$ par la méthode LMTD. Finalement, nous évaluons la conductance thermique des deux parties du condenseur et par la suite nous calculons la somme des deux.

$$UA_C = UA_{C1} + UA_{C2} \qquad (3.20)$$

3.4.2 Évaporateur

Afin d'éviter le croisement entre les températures des deux fluides, nous fixons un ΔT entre la température à l'entrée du fluide externe (puits) et celle de la sortie du réfrigérant d'un côté, et un pincement $\Delta T/2$ de l'autre côté de l'évaporateur (cf. figure 3.5).

La conductance thermique de l'évaporateur se déduit à partir des mêmes équations présentées au chapitre précédent (2.58, 2.59 et 2.60), en remplaçant les états 5 et 6 par les états 3 et 4 respectivement.

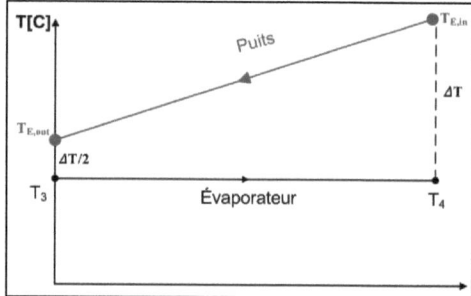

Figure 3.5: Évolution des températures dans l'évaporateur

3.4.3 Fonction objective

Pour un système à compression de vapeur, la fonction objective (équation 2.61b) est définie par le produit du coût d'opération (le travail de compression) et le coût initial du système (la conductance thermique des deux échangeurs thermiques), elle représente également un paramètre important pour optimiser ce système.

3.5 Résultats et discussion

Dans ce chapitre, les performances du système sont évaluées en fonction de la différence de température ΔT entre le réfrigérant et le fluide extérieur. Pour les conditions fixes ($T_{E,in}$, $T_{C,in}$, Q_E), les résultats ci-après montrent l'influence de ΔT sur les performances du système pour les quatre fluides considérés dans ce mémoire.

D'après la figure 3.6, il est évident que le coefficient de performance diminue d'une façon monotone avec l'augmentation de ΔT. Cette diminution est bien expliquée dans le chapitre précédent. La variation du COP est analogue pour les quatre fluides avec une légère différence, il en résulte que la performance du système est théoriquement la même pour tous les fluides. Nous pouvons remarquer que des COP importants sont atteints pour des faibles valeurs de ΔT, pour les quatre fluides.

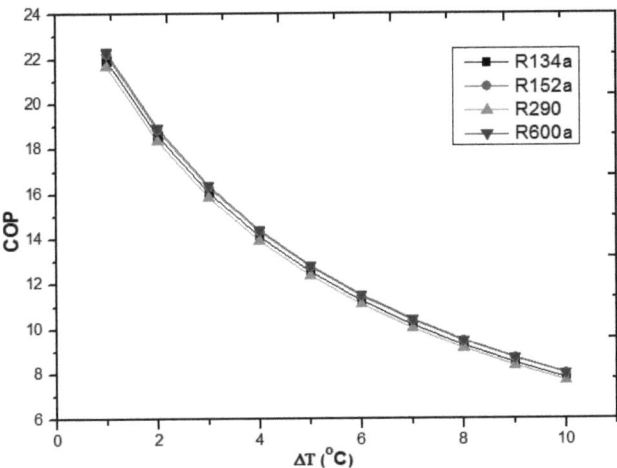

Figure 3.6: L'influence de ΔT sur le coefficient de performance

Quant à la conductance thermique représentée sur la figure 3.7, elle diminue d'une façon monotone avec l'augmentation de ΔT. Pour des petites valeurs de ΔT, la conductance thermique diminue rapidement. Pour une capacité frigorifique constante, le débit massique qui traverse l'évaporateur augmente proportionnellement avec l'augmentation de la différence des températures, cette augmentation accélère le transfert de chaleur et par conséquent nous obtenons une surface d'échange réduite. La conductance minimale est obtenue pour un ΔT = 10 °C. La coïncidence parfaite entre les courbes des 4 fluides est expliquée par les valeurs du débit des réfrigérants presque constantes et égales.

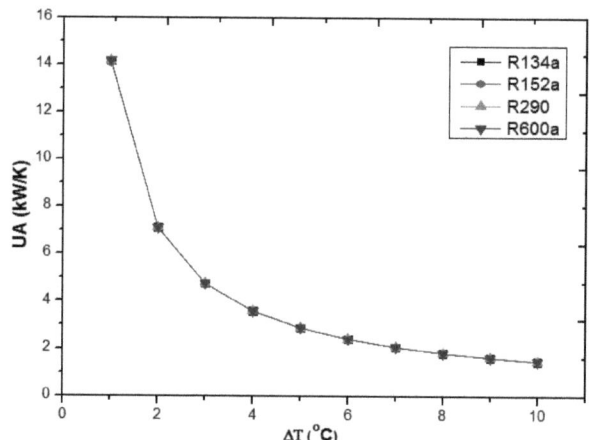

Figure 3.7: L'influence de ΔT sur la conductance thermique

Les pertes exergétiques, telles qu'elles sont illustrées sur la figure 3.8, varient d'une façon inverse à celle du coefficient de performance, c'est-à-dire, elles augmentent d'une façon monotone avec l'augmentation de ΔT. Il est bien clair que pour de grandes valeurs de ΔT, les pertes exergétiques atteignent un maximum et ce pour les 4 fluides.

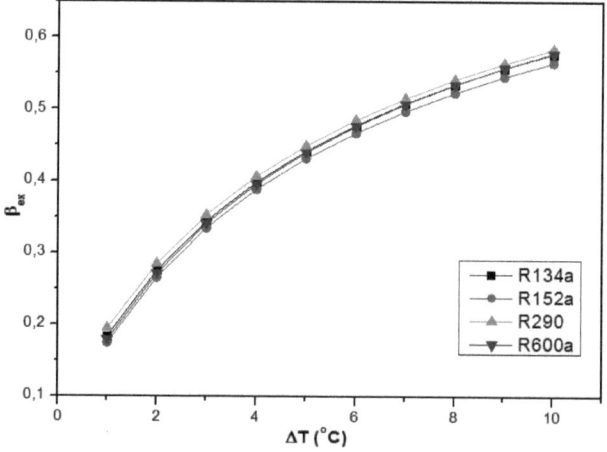

Figure 3.8: L'influence de ΔT sur les pertes exergétiques

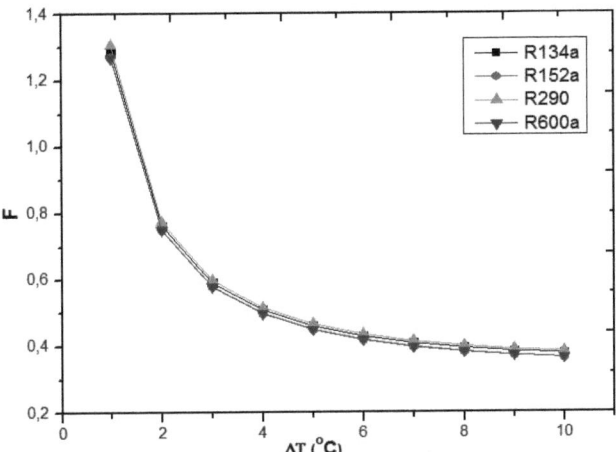

Figure 3.9: L'influence de ΔT sur la fonction objective

D'après la section 3.4.3, la fonction objective permettra d'optimiser le système et cela en trouvant une valeur de ΔT qui minimisera cette fonction, alors qu'elle varie d'une façon monotone, elle atteint son minimum à ΔT = 10 °C pour les quatre fluides. L'allure de cette courbe est presque identique à celle de la conductance thermique.

3.6 Cycle conventionnel à deux étages de compression

Après l'étude détaillée du cycle conventionnel à un seul compresseur, nous abordons l'étude d'un autre système plus complexe, comprenant deux étages de compression.

Lorsque la différence entre la température du milieu à réfrigérer et le milieu extérieur devient grande (au-delà de 70°C), le compresseur du système précédent nécessite beaucoup de travail et le coefficient de performance diminue. Pour contourner ce problème, nous avons eu recourt à un système de réfrigération à deux étages (deux compresseurs, voire figure 3.10).

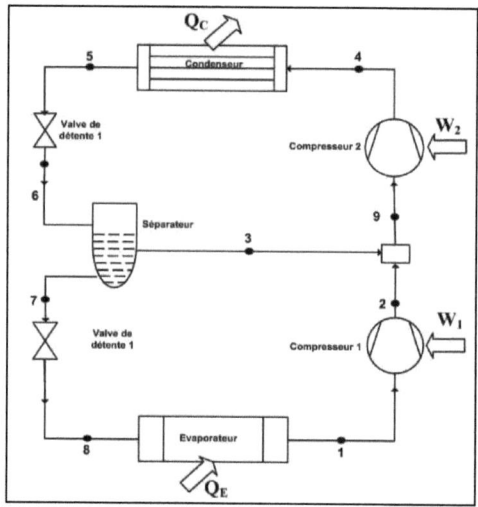

Figure 3.10: Schéma du système conventionnel à deux compresseurs

Un tel système est un système de réfrigération qui fonctionne avec une compression à deux étages et, dans la plupart des cas, également avec une expansion à deux étages. Le réfrigérant traverse le premier détendeur (valve 1) et se détend à la pression intermédiaire qui règne dans le séparateur (état 6). Suite à cette évolution, le liquide saturé se dirige vers la deuxième valve et se détend tandis que la vapeur saturée se mélange avec la vapeur surchauffée émergeant du compresseur à basse pression (état 2). Le mélange entre alors dans le compresseur à haute pression (état 9) et se comprime jusqu'à l'état 4. Quant au liquide détendu à la deuxième valve, il passe à l'évaporateur pour absorber la chaleur du milieu réfrigéré [13].

Généralement, nous limitons la température T_4 à la sortie du deuxième compresseur en plaçant un refroidisseur intermédiaire du réfrigérant entre les deux compresseurs. Ce refroidissement de la vapeur que refoule le premier compresseur sert à baisser la température du réfrigérant sortant du compresseur à haute pression (T_4). Donc, le refroidissement intermédiaire augmente également l'efficacité du compresseur, ce qui réduit la consommation d'énergie du compresseur.

3.6.1 Analyse énergétique et exergétique

L'analyse énergétique et exergétique du système de réfrigération à deux étages est identique à celle du système conventionnel, avec l'introduction d'un deuxième compresseur et valve de détente. Dans cette situation, l'énergie fournie au compresseur est égale à la somme des deux énergies et par conséquent le coefficient de performance devient :

$$COP = Q_E/(\dot{W}_1 + \dot{W}_2) \tag{3.21}$$

Tel que:

$$\dot{W} = \dot{W}_1 + \dot{W}_2 \tag{3.22}$$

De même, l'exergie détruite totale soit :

$$Ed_T = Ed_E + Ed_C + Ed_{V1} + Ed_{V2} + Ed_{Comp1} + Ed_{Comp2} + Ed_{Sép} + Ed_{Mél} \tag{3.23}$$

Avec :

$$Ed_{Sép} = \dot{m}_2\, e_6 - \dot{m}_3\, e_3 - \dot{m}_1 e_7 \tag{3.24}$$

$$Ed_{Mél} = \dot{m}_3\, e_3 + \dot{m}_1\, e_2 - \dot{m}_2 e_9 \tag{3.25}$$

Les pertes exergétiques sont donc :

$$\beta_{ex} = Ed_T/(\dot{W}_1 + \dot{W}_2) \tag{3.26}$$

3.6.2 Thermodynamique en dimensions finies

Le système de réfrigération à deux étages contient deux échangeurs de chaleur, un évaporateur et un condenseur. Cette analyse étant déjà effectuée à la section 3.4, nous abordons directement la démonstration des résultats.

3.6.3 Validation des résultats

Le programme de calcul que nous avons élaboré pour obtenir les résultats a été validé en comparant ses prédictions avec les résultats de l'exemple 11.4 à la page 536 du livre « Thermodynamics, an engineering approach » de Yunus A. Çengel et Michael A. Boles [13].
Le fluide moteur est le R134a, la pression à l'évaporateur P_E= 140 kPa, au condenseur P_C = 800 kPa et une pression intermédiaire de 320 kPa

	Mes résultats	Résultats exemple 11.4
COP	4.474	4.47
W [kW]	1.118	1.118
x_6	0.205	0.2048
h_1 [kJ/kg]	239.20	239.16
h_2 [kJ/kg]	255.90	255.93
h_3 [kJ/kg]	251.90	251.88
h_4 [kJ/kg]	274.60	274.48
h_5 [kJ/kg]	95.48	95.47
h_6 [kJ/kg]	95.48	95.47
h_7 [kJ/kg]	55.14	55.16
h_8 [kJ/kg]	55.14	55.16
h_9 [kJ/kg]	255.10	255.10

Tableau 3.1 : Validation des résultats

Le tableau 3.1 nous montre une bonne correspondance entre les résultats obtenus par le programme développé et ceux exposés dans le livre cité ci-dessus [13]; ce qui confirme leur validité.

3.6.4 Résultats et discussion

Les paramètres fixes de ce système sont les mêmes que ceux du système conventionnel, c'est-à-dire, $T_{E,in}$ = 10 °C, $T_{C,in}$ = 25 °C, ΔT = 5 °C, Q_E = 5 kW. Les résultats ci-après sont obtenus en faisant varier la pression intermédiaire (au niveau du séparateur).

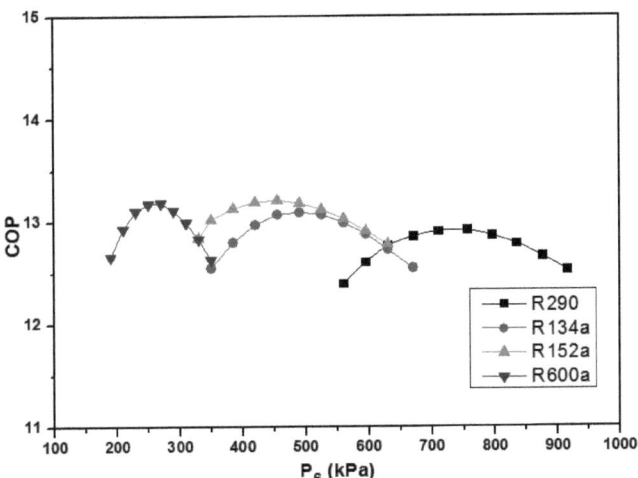

Figure 3.11 : Effet de la pression intermédiaire sur le COP

La figure 3.11 montre la variation du coefficient de performance en fonction de la pression intermédiaire (P_6). Nous pouvons constater que le coefficient de performance atteint des valeurs maximales pour une valeur de pression intermédiaire précise et propre à chaque réfrigérant : 260.2 kPa pour le R600a, 490.1 kPa pour le R152a, 438.8 kPa pour le R134a et 734.2 kPa pour le R290. La meilleure performance est obtenue pour le réfrigérant R152a (COP = 13.21) et la plus faible revient au R290 (COP = 12.92).

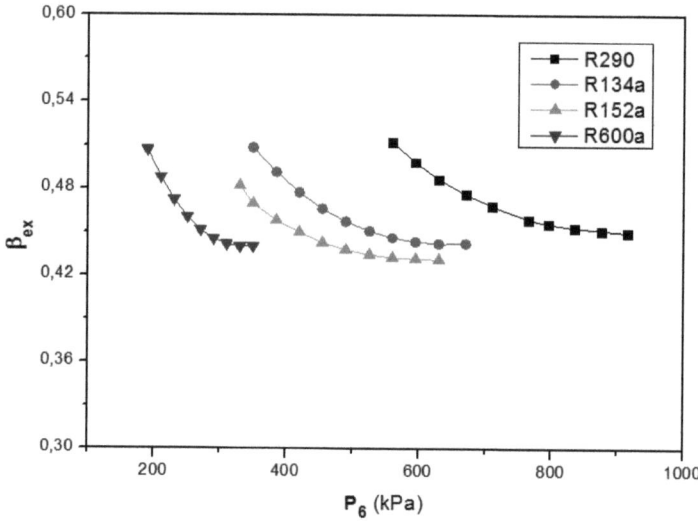

Figure 3.12 : Effet de la pression intermédiaire sur les pertes exergétiques

Les pertes exergétiques non-dimensionnelles, présentées sur la figure 3.12, diminuent avec l'augmentation de la pression intermédiaire. Pour des valeurs élevées de la pression intermédiaire, les pertes exergétiques atteignent leur minimum. Le minimum pour le R600a est 0.438 pour une pression intermédiaire égale à 337.9 kPa, pour le R152a la valeur minimale des pertes exergétiques est de 0.43 pour P_6= 630 kPa, celle du R134a égale 0.442 pour P_6= 645 kPa. Finalement, pour le R290 ces pertes égalent 0.45 à une pression P_6= 913.1 kPa.

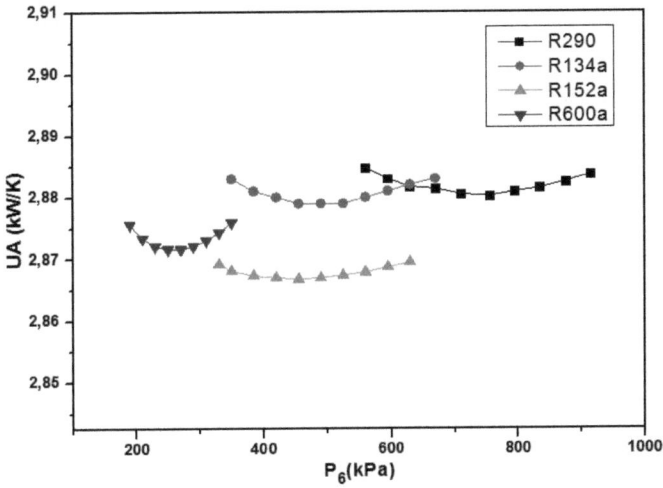

Figure 3.13 : Effet de la pression intermédiaire sur la conductance thermique

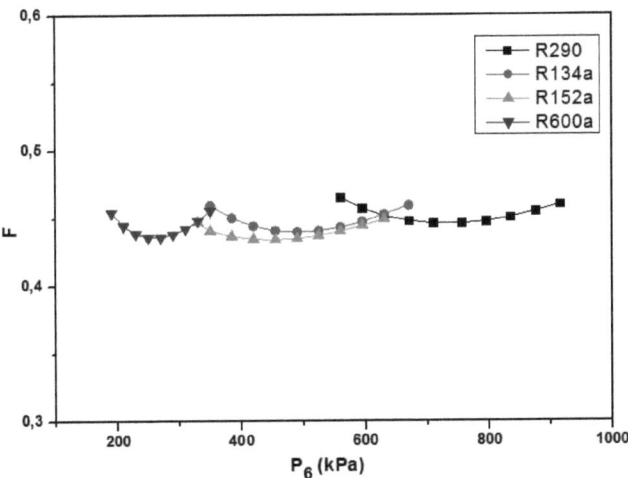

Figure 3.14 : Effet de la pression intermédiaire sur la fonction objective

Les deux figures 3.13 et 3.14 représentent respectivement la variation de la conductance thermique et de la fonction objective en fonction de la pression intermédiaire.

Les courbes de ces deux paramètres ont la même allure, légèrement parabolique, ce qui signifie l'existence d'un minimum pour chaque fluide.

Il est clair que la conductance thermique de l'évaporateur est constante et ne varie pas avec la pression intermédiaire quoi que l'enthalpie à l'entrée de ce dernier varie à cause de la variation du débit qui découle du séparateur. De même, l'enthalpie du point 4 varie à cause de la variation du nouveau débit sortant du séparateur et du compresseur à basse pression, ce qui résulte en une variation de la quantité de chaleur rejetée à l'ambiance et par conséquent de la conductance thermique du condenseur. Nous pouvons remarquer que pour des pressions intermédiaires moyennes entre les deux niveaux (évaporateur et condenseur) nous avons des valeurs minimales de la conductance thermique et par conséquent celles de la fonction objective. Ce n'est pas par hasard que ces valeurs sont identiques à celles qui maximisent le coefficient de performance, mais c'est parce qu'elles constituent plutôt les valeurs optimales du système à deux étages.

Avec le R290, la conductance thermique du système est légèrement plus élevée comparativement à celle des autres fluides, ce qui résulte à un coût d'investissement élevé. En revanche, celle du R152a est la plus faible que ce soit pour la conductance thermique ou la fonction objective.

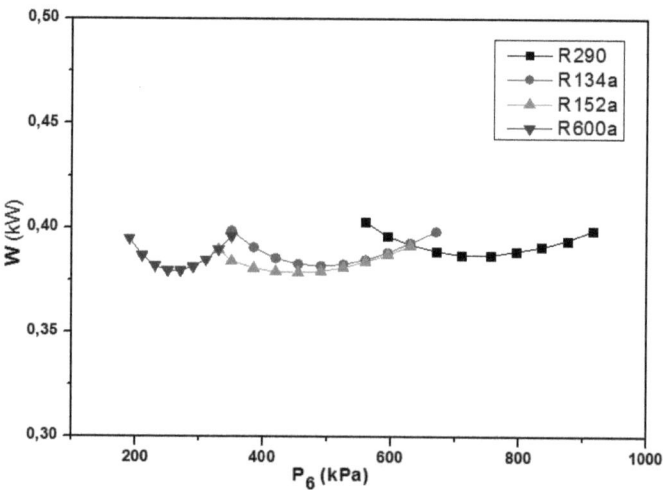

Figure 3.15 : Effet de la pression intermédiaire sur l'énergie des compresseurs

Les courbes représentées sur la figure 3.15 ressemblent à celles de la conductance thermique et de la fonction objective. Pour de petites et de grandes valeurs de la pression intermédiaire, les compresseurs consomment plus d'énergie. Des valeurs optimales de l'énergie consommée par les deux compresseurs sont obtenues pour les mêmes pressions intermédiaires déterminées auparavant, c'est-à-dire, pour le R600a, la valeur minimale de l'énergie consommée ($\dot{W}$ = 0.38 kW) par les deux compresseurs est obtenue à la pression P_6= 260.2 kPa, pour le R152a ($\dot{W}$ = 0.379 kW) correspond à P_6= 438.8 kPa, pour le R134a ($\dot{W}$ = 0.382 kW) correspond à P_6= 490.1 kPa et pour le R290 ($\dot{W}$ = 0.387 kW) correspond à P_6= 734.2 kPa. À ces pressions, nous constatons que le rapport de compression des deux compresseurs est le même, donc, l'énergie totale consommée est minimale. Le système fonctionnant avec le R290 consomme plus d'énergie que ceux qu'utilisent les autres fluides, le R152a semble très avantageux.

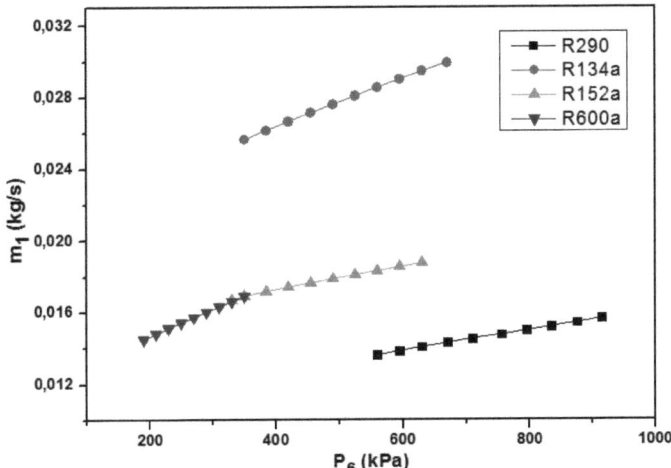

Figure 3.16 : Effet de la pression intermédiaire sur le débit de l'évaporateur

À chaque fois que nous augmentons la pression intermédiaire, nous obtenons une bonne qualité du fluide qui se détend dans la première valve. La quantité de liquide qui est délivrée par le séparateur à la deuxième valve de détente augmente aussi et provoque l'augmentation du débit $\dot{m}_1$ qui traverse l'évaporateur (voire figure 3.16). La croissance du débit à l'évaporateur est proportionnelle à la pression intermédiaire. Le débit massique du R134a est presque le double des autres réfrigérants. Contrairement au débit de l'évaporateur qui s'accroît avec la pression intermédiaire, le débit qui traverse le condenseur $\dot{m}_2$ reste quasiment constant.

3.7 Conclusion

L'étude détaillée d'un système de réfrigération conventionnel montre que, pour les mêmes conditions (la capacité frigorifique constante et les trois températures fixes des fluides externes à l'entrée du générateur, du condenseur et de l'évaporateur), pour de petites valeurs de ΔT, le coefficient de performance et la conductance thermique sont grands. D'autre part, pour de grandes valeurs de ΔT, les performances de ce système sont faibles. Ce qui nous conduit à faire fonctionner notre système avec une différence de température intermédiaire qui varie entre 4 et 6°C afin d'obtenir un coefficient de performance grand tandis que la conductance thermique, et donc la fonction objective, restent faible.

Le coefficient de performance est meilleur pour le R152a et faible pour le R290, inversement aux pertes exergétiques.

D'autre part, de l'étude du système à deux étages (à deux compresseurs), pour les mêmes conditions de fonctionnement, nous obtenons des conclusions très importantes. Soulignons à titre d'exemples :
- L'existence, pour chaque fluide, d'une pression intermédiaire optimale qui maximise le coefficient de performance et qui minimise en même temps la conductance thermique, l'énergie fournie aux compresseurs et la fonction objective.
- La valeur optimale de cette pression intermédiaire est égale à la moyenne de la somme des pressions de l'évaporateur et du condenseur. Pour de grandes valeurs de la pression intermédiaire, les pertes exergétiques dans ce système atteignent leurs valeurs minimales et ce pour les quatre fluides.
- Pour des pressions très basses et un écart de température modeste entre les deux niveaux du système à deux étages, le R290 qui fonctionne dans des pressions relativement élevées, possède des performances peu élevées. Par contre, le R152a, qui travaille dans des pressions moyennes représente un réfrigérant très avantageux pour ce genre de système aux conditions prédéfinies, surtout qu'il offre les meilleures performances pour une pression intermédiaire égale à 438.8 kPa.

CHAPITRE 4

CYCLE COMBINÉ AVEC COMPRESSEUR ET ÉJECTEUR

4.1 Description du cycle

Le système de la figure 4.1 représente un système de réfrigération hybride à éjecteur et compresseur. Son rôle est de produire du froid au niveau de l'évaporateur en comprimant le fluide sortant de l'éjecteur au lieu de comprimer celui qui sort directement de l'évaporateur. L'objectif de ce cycle est de minimiser la consommation de l'énergie au niveau du compresseur en augmentant la pression du fluide secondaire $\dot{m}_S$ au point (8) à une pression plus élevée à la sortie de l'éjecteur (1).

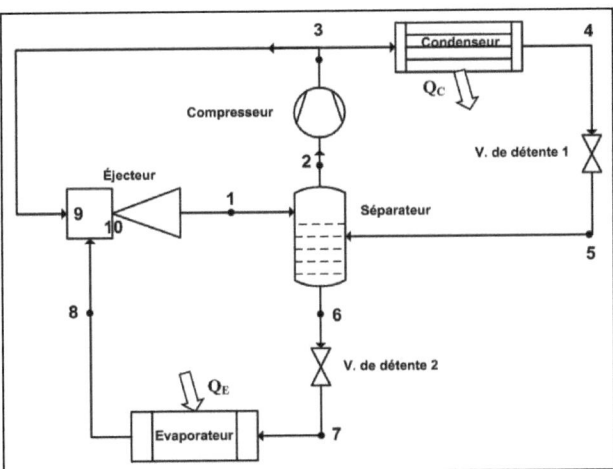

Figure 4.1: Schéma du cycle combiné

Le fluide réfrigérant sortant de l'éjecteur se dirige vers un séparateur qui divise les deux phases (gaz-liquide) du réfrigérant. La phase gazeuse est comprimée de l'état (2) à l'état (3) dans le compresseur, une partie de cette vapeur comprimée se dirige vers l'éjecteur comme fluide primaire $\dot{m}_P$, tandis que l'autre partie se condense à une pression constante jusqu'au point (4) puis elle se détend dans la première valve de détente jusqu'au point (5). Ensuite, ce fluide retourne au séparateur pour se mélanger avec le fluide sortant de l'éjecteur. La phase liquide provenant du séparateur (6) se détend dans la deuxième valve de détente (7) puis reçoit la chaleur du milieu à refroidir et s'évapore jusqu'au point (8). Finalement, elle est aspirée par la basse pression à la sortie de la tuyère primaire de l'éjecteur (voire figure 4.2).

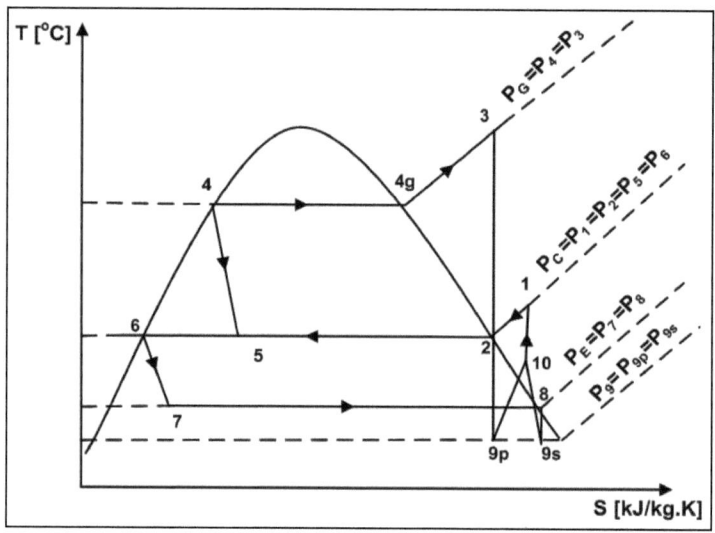

Figure 4.2: Diagramme T-S du cycle combiné

Ce qui différencie ce système du système conventionnel est l'introduction d'un éjecteur, d'un séparateur et d'une deuxième valve de détente.

4.2 Analyse énergétique

Les hypothèses sont les mêmes que celles énoncées dans les chapitres 2 et 3. Les isobares sont tracées sur le diagramme T-S de la figure 4.2.

- À la sortie gaz du séparateur (état 2) et de l'évaporateur (état 8): vapeur saturée.

$$x_8 = x_2 = 1 \tag{4.1}$$

- À la sortie liquide du séparateur (état 6) et du condenseur (état 4): liquide saturé.
$$x_4 = x_6 = 0 \tag{4.2}$$
- La détente dans les deux valves est isenthalpique.
$$h_4 = h_5 \tag{4.3}$$
$$h_6 = h_7 \tag{4.4}$$
- Le rendement du compresseur est 100% (compression isentropique).
$$s_2 = s_3 \tag{4.5}$$

Pour procéder à cette analyse, nous fixons les deux niveaux de température au condenseur et à l'évaporateur (voire figure 4.2) en respectant la différence de température ΔT entre le réfrigérant et les fluides externes. Comme précédemment, nous imposons les mêmes températures d'entrée des fluides extérieurs: $T_{C,in}$ et $T_{E,in}$.

À partir de ces données, nous pouvons calculer :

$$T_4 = T_{C,in} + \Delta T \tag{4.6}$$
$$T_7 = T_8 = T_{E,in} - \Delta T \tag{4.7}$$

À partir de ces températures, nous déterminons les pressions au niveau du condenseur et de l'évaporateur ($P_C = P_4$ et $P_E = P_8$). Ces pressions sont comprises entre les pressions de saturation qui correspondent à T_4 et T_7 et doivent satisfaire la condition:

$$P_C = P_3 = P_4 > P_1 = P_2 = P_5 = P_6 > P_E = P_7 = P_8$$

Connaissant T_4 et P_4 nous pouvons obtenir h_4, s_4 et v_4 à partir des tables thermodynamiques. De même, nous obtenons h_7, h_8, s_7, s_8, v_7, v_8 et x_7 à partir de T_7, T_8, P_7 et P_8.

4.2.1 Modélisation de l'écoulement du fluide secondaire

La modélisation de l'écoulement du fluide secondaire le long de l'éjecteur a été détaillée dans le chapitre 2. Il est recommandé de faire attention aux points du cycle lors de l'écriture des nouvelles équations qui modélisent le cycle combiné.

Pour la même puissance frigorifique Q_E, le débit massique du fluide secondaire selon l'équation est :

$$\dot{m}_s = Q_E/(h_8 - h_7) \tag{4.8}$$

La section A_{9s} est donc calculée à partir de l'équation de la conservation de masse :

$$A_{9s} = \dot{m}_s \cdot v_{9s}/V_{9s} \tag{4.9}$$

4.2.2 Modélisation de l'écoulement du fluide primaire

En se référant toujours au chapitre 2, la modélisation de l'écoulement du fluide primaire dans l'éjecteur est décrite par les équations (2.19), (2.20), (2.21), (2.22) et (2.23). La solution du modèle est représentée dans le tableau 2.2, en respectant la nouvelle numérotation des points déterminants le cycle combiné.

4.2.3 Modélisation de l'écoulement dans la section du mélange

Au niveau de la section du mélange (10), nous considérons que les propriétés du mélange sont uniformes, et d'après l'équation de la conservation de la masse :

$$\dot{m} = \dot{m}_p + \dot{m}_s \tag{4.10}$$

C'est par la méthode itérative que nous pouvons calculer tous les paramètres à la section de mélange (10). En posant une pression intermédiaire comprise entre P_9 et $P_1 = P_2 = P_5 = P_6$, nous calculons la vitesse, la température, l'entropie, le volume spécifique et finalement l'enthalpie qui doit être égale à celle obtenue à partir des tables thermodynamiques aux mêmes valeurs de pression et de températures calculés précédemment. Les calculs sont détaillés dans la section 2.2.3 du chapitre 2.

4.2.4 Modélisation de l'écoulement au diffuseur

Après avoir calculé les paramètres à la section de mélange, nous pouvons, par conséquent, déduire les paramètres qui caractérisent le fluide à la sortie du diffuseur.
Comme la compression est isentropique au diffuseur :

$$s_1 = s_{10} \tag{4.11}$$

L'enthalpie se calcule à partir de l'équation de la conservation d'énergie :

$$h_1 = (V_{10}^2/2) + h_{10} \tag{4.12}$$

Et le reste des paramètres (température et volume massique) se déterminent à partir des tables thermodynamiques, en connaissant h_1, s_1 et $P_1 = P_2$. Quant à l'état 3, il se détermine à partir de la pression P_4 et l'équation 4.5. Donc, nous pouvons calculer T_3, h_3 et v_3.

4.2.5 Modélisation des autres composantes

Si nous désignons le débit du fluide qui traverse le condenseur par $\dot{m}_3$, la quantité de chaleur rejetée lors de la condensation est :

$$Q_C = \dot{m}_3 \cdot (h_3 - h_4) \tag{4.13}$$

La puissance frigorifique souhaitée au niveau de l'évaporateur est donnée par l'équation (4.8). Les différents débits qui rentrent et qui sortent du séparateur se calculent par les équations de la conservation de masse et de l'énergie :

$$\dot{m}_2 = \dot{m}_P + \dot{m}_3 \tag{4.14a}$$

$$\dot{m}_1 \cdot h_1 + \dot{m}_3 \cdot h_5 = \dot{m}_2 \cdot h_2 + \dot{m}_S \cdot h_6 \tag{4.14b}$$

La modélisation du compresseur est donnée par les équations (3.9), (3.10) et (3.11) au chapitre 3 tandis que son travail est calculé par l'équation :

$$\dot{W} = \dot{m}_2 \cdot (h_3 - h_2) \tag{4.15}$$

4.2.6 Coefficient de performance

Le coefficient de performance de ce cycle se calcule de la même façon que ceux précédents, soit le rapport entre l'énergie utilisée et celle fournie au système.

$$COP = Q_E / \dot{W} \tag{4.16}$$

4.3 Analyse exergétique

Pour procéder à l'analyse exergétique de ce système nous gardons toujours les mêmes conditions de l'état de référence, une pression atmosphérique $P_0 = 101,3$ kPa et une température ambiante $T_0 = 25°C$. Alors, l'exergie spécifique de chaque état (i) se calcule alors, à partir de l'équation (2.35).

De même, les flux exergétiques à l'entrée et à la sortie du puits ambiant et de la source froide sont déjà donnés dans le chapitre 2 par les équations (2.35c), (2.35d), (2.35e) et (2.35f) consécutivement.

Par ailleurs, l'exergie détruite dans chaque composante se calcule comme suit :

Évaporateur
$$Ed_E = \dot{m}_s (e_7 - e_8) + \dot{m}_E (e_{E,in} - e_{E,out}) \qquad (4.17)$$

Condenseur
$$Ed_C = \dot{m}_3 (e_3 - e_4) + \dot{m}_C (e_{C,in} - e_{C,out}) \qquad (4.18)$$

Valves de détente
$$Ed_{V1} = \dot{m}_3 (e_4 - e_5) \qquad (4.19a)$$

$$Ed_{V2} = \dot{m}_s (e_6 - e_7) \qquad (4.19b)$$

Compresseur
$$Ed_{Comp} = \dot{m} (e_4 - e_1) + \dot{W} \qquad (4.20)$$

Ejecteur
$$Ed_{Ej} = \dot{m}_s e_8 + \dot{m}_P e_3 - \dot{m} e_1 \qquad (4.21)$$

Séparateur
$$Ed_{Sép} = \dot{m} e_1 + \dot{m}_3 e_5 - \dot{m}_2 e_2 - \dot{m}_s e_6 \qquad (4.22)$$

Exergie détruite totale :
$$Ed_T = Ed_{V1} + Ed_{V2} + Ed_E + Ed_C + Ed_{comp} + Ed_{Ej} + Ed_{Sép} \qquad (4.23)$$

Pertes exergétiques non-dimensionnelles:
$$\beta_{ex} = [Ed_T/\dot{W}] \qquad (4.24)$$

4.4 Thermodynamique en dimensions finies

Le cycle combiné (éjecteur-compresseur) contient deux échangeurs de chaleur (condenseur et évaporateur), ce qui nous conduit à appliquer la même approche de la thermodynamique en dimensions finies.

L'un des objectifs de la présente étude est de déterminer la conductance thermique minimale des échangeurs de chaleur et par conséquent optimiser les performances du système en tenant compte à la fois du coefficient de performance et de la conductance thermique.

4.4.1 Condenseur

Pour procéder au calcul des paramètres du condenseur, nous utilisons les différents débits du réfrigérants $\dot{m}_p$, $\dot{m}_s$, $\dot{m}_2$, $\dot{m}_3$ et $\dot{m}$, du fluide extérieur $\dot{m}_E$ et $\dot{m}_C$ et les températures d'entrée du fluide extérieur à chaque échangeur : $T_{C,in}$ et $T_{E,in}$. Afin d'éviter le croisement entre les températures du réfrigérant et du fluide extérieur, nous fixons la différence de température à l'entrée du fluide extérieur égale à $\Delta T/2$ dans les sections les plus proches (sur la courbe de saturation), voire figure 4.3.

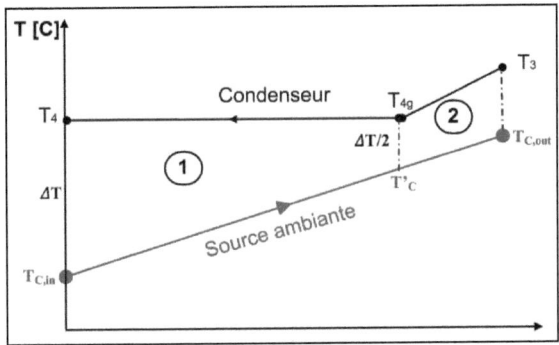

Figure 4.3: Évolution des températures dans le condenseur

Comme le montre la figure ci-dessus, l'échange de chaleur entre les deux fluides se produit en deux parties: une zone biphasique (1) et l'autre surchauffée (2).

$$T_4 = T_{C,in} + \Delta T \qquad (4.25a)$$

$$T'_C = T_{4g} + \Delta T/2 \qquad (4.25b)$$

Les deux quantités de chaleur, transférées entre le réfrigérant et le fluide extérieur, s'écrivent :

$$Q_{C1} = \dot{m}_3 \cdot (h_{4g} - h_4) \qquad (4.26a)$$

$$Q_{C2} = \dot{m}_3 \cdot (h_3 - h_{4g}) \qquad (4.26b)$$

En fonction du débit du fluide extérieur, le bilan d'énergie est donné par les équations (2.54a) et (2.54b), il est écrit aussi selon la méthode de LMTD par les équations (2.55a) et (2.55b). Notons que:

$$\delta T_{\ln,C1} = \frac{(T_4-T_{C,in})-(T_{4g}-T'_C)}{\ln[(T_4-T_{C,in})/(T_{4g}-T'_C)]} \quad (4.27a)$$

$$\delta T_{\ln,C2} = \frac{(T_3-T_{C,out})-(T_{4g}-T'_C)}{\ln[(T_3-T_{C,out})/(T_{4g}-T'_C)]} \quad (4.27b)$$

Finalement, la conductance thermique totale au condenseur est égale à la somme des deux conductances partielles, UA_{C1} et UA_{C2} :

$$UA_C = UA_{C1} + UA_{C2} \quad (4.28)$$

4.4.2 Évaporateur

Le transfert de chaleur entre le réfrigérant et le fluide extérieur le long de l'évaporateur est entièrement identique à celui des cycles précédents, il se produit désormais dans la zone du changement de phase. Dans ce cas, la seule conductance thermique qui caractérise cet échangeur se calcule à partir de l'équation (2.58)

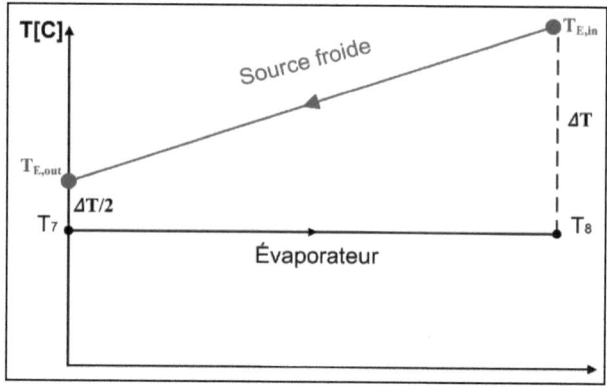

Figure 4.4: Évolution des températures dans l'évaporateur

La différence de température moyenne logarithmique est donc :

$$\delta T_{\ln,E} = \frac{(T_{E,in}-T_8)-(T_{E,out}-T_7)}{\ln[(T_{E,in}-T_8)/(T_{E,out}-T_7)]} \quad (4.29)$$

Toutes les données sont disponibles pour calculer le $T_{E,out}$, et cela à partir de l'équation (2.58)

4.4.3 Fonction objective

Elle s'agit d'un critère d'optimisation important du système étudié. Cette fonction obtenue par l'équation (2.61b) permet de représenter le coût d'acquisition et le coût d'opération (l'énergie fournie au compresseur).

4.5 Résultats et discussion

Les figures représentées ci-après démontrent l'influence de la température intermédiaire sur les performances du cycle combiné. Ces résultats sont obtenus pour les conditions fixées ci-haut, c'est-à-dire, une température du fluide extérieur à l'entrée du condenseur $T_{C,in} = 20$ °C, et à l'entrée de l'évaporateur $T_{E,in} = 10$ °C ainsi qu'une différence de température $\Delta T = 5$ °C.
Nous faisons varier la température intermédiaire ($T_6 = T_5$) au niveau du séparateur traçons l'évolution des différents paramètres pour les quatre fluides.

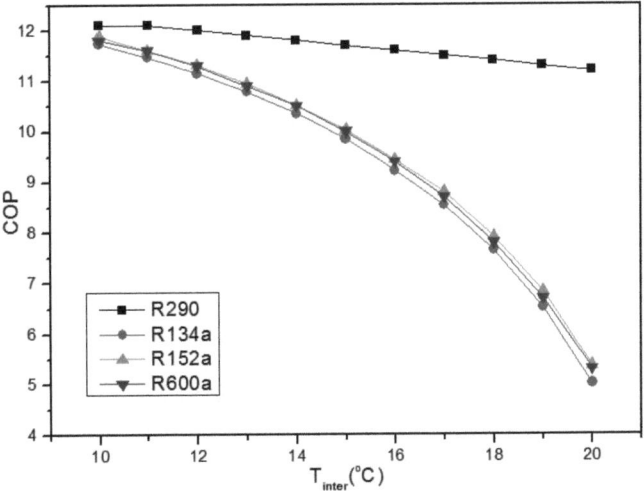

Figure 4.5: Effet de la température intermédiaire sur le COP

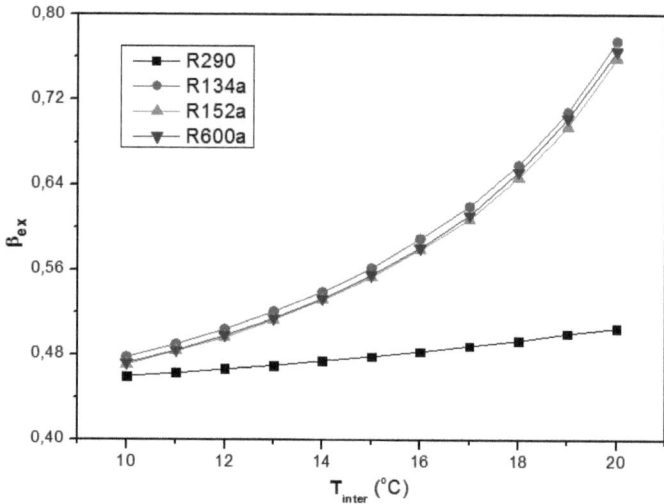

Figure 4.6: Effet de la température intermédiaire sur les pertes exergétiques

Les figures 4.5 et 4.6 représentent respectivement la variation du coefficient de performance et les pertes exergétiques en fonction de la température intermédiaire. La diminution du coefficient de performance s'explique par l'augmentation de débit du fluide qui traverse le compresseur ($\dot{m}_2$) avec l'augmentation de la température intermédiaire, cette augmentation est dix fois plus importante que celle de la température intermédiaire, tandis que la différence d'enthalpie (h_3-h_2) est inversement proportionnelle à cette température, c'est-à-dire que, le dénominateur de l'équation (4.16) augmente. Cependant, la capacité frigorifique reste constante (Q_E= 5 kW), et donc le coefficient de performance diminue. En parallèle, les deux facteurs principaux responsables de l'augmentation des pertes exergétiques, d'après l'équation (4.24), sont l'exergie détruite totale et le travail de compression. D'après les valeurs obtenues, la variation de l'exergie détruite totale est plus importante relativement à celle du travail fourni au compresseur ce qui mène à une augmentation du rapport $Ed_T/\dot{W}$ et par conséquent à une augmentation des pertes exergétiques.

Il apparaît sur les deux figures, que le R290 possède une performance plus élevée que celle des trois autres fluides. Pour une température intermédiaire T_{inter}= 10 °C, le COP atteint sa valeur maximale COP = 12.15. Tandis que la valeur minimale des pertes exergétiques est β_{ex} = 0.46.

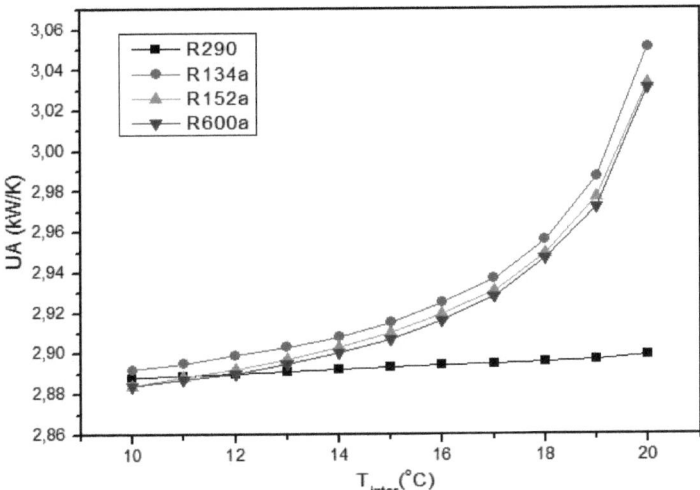

Figure 4.7: Effet de la température intermédiaire sur la conductance thermique

Contrairement à la figure précédente, la figure 4.7 montre une augmentation parabolique de la conductance thermique en fonction de la température intermédiaire. Cette augmentation est intimement liée à l'augmentation du débit $\dot{m}_3$ qui se condense, alors que la différence d'enthalpie (h_3-h_4) est pratiquement constante. D'après l'équation (4.28), il est bien clair que la conductance thermique totale augmente avec l'augmentation de celle du condenseur, tandis que celle de l'évaporateur est toujours constante et égale à 1.386 kW/K pour les quatre fluides. Le UA du R290 subit une légère augmentation quand T_{inter} augmente tandis que celui des trois autres fluides subit une variation importante et identique.

La fonction objective définie auparavant par le produit du coût initial (UA) et du coût opérationnel (COP) est illustrée sur la figure 4.8. Sa variation est proportionnelle à celle de la conductance thermique. Selon l'équation (2.61), le dénominateur, constitué essentiellement du COP, diminue avec l'augmentation de T_{inter} tandis que le numérateur augmente, ce qui mène à une augmentation de la fonction objective.

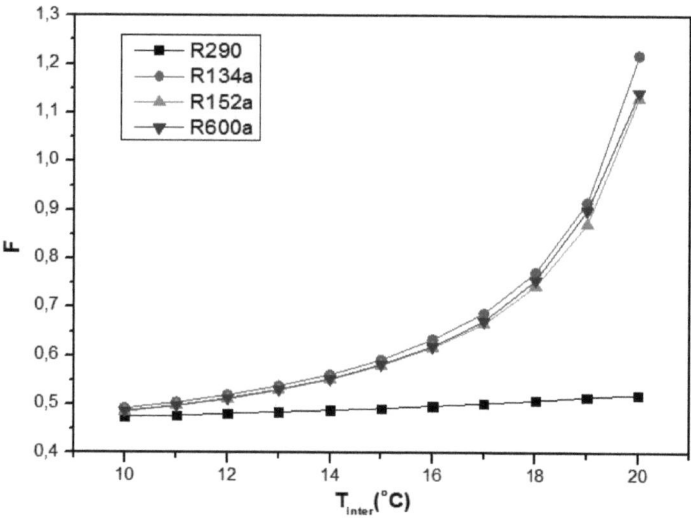

Figure 4.8: Effet de la température intermédiaire sur la fonction objective

La variation des pertes exergétiques, représentée plus haut, dépend du travail de compression, ou bien de l'énergie fournie au compresseur. Cette énergie augmente d'une façon monotone avec la température intermédiaire. En principe, si nous augmentons le rapport de pression P_3/P_2 (pression de sortie/ pression d'aspiration), nous consommons plus d'énergie pour comprimer le fluide et le contraire est juste tel qu'il est montré sur la figure 4.9. Donc la présence de l'éjecteur dans ce système a une influence importante sur la variation des différents débits du réfrigérant à savoir le débit primaire $\dot{m}_p$, le débit totale $\dot{m}$ et le débit de compression $\dot{m}_2$. Ces débits augmentent au fur et à mesure avec l'augmentation de la température intermédiaire, comme l'indique le tableau 4.1.

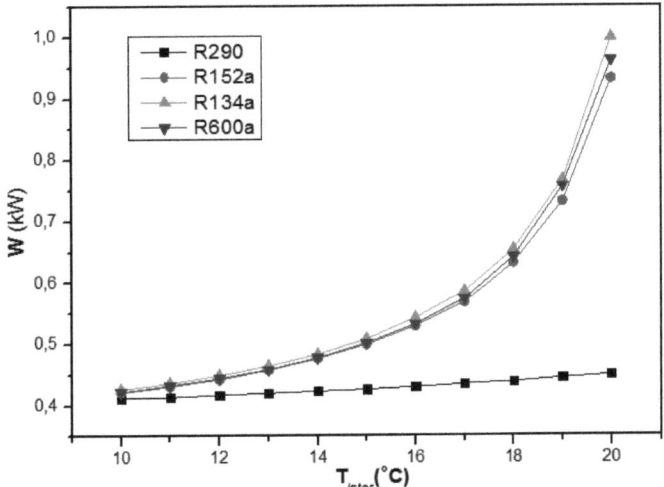

Figure 4.9: Effet de la température intermédiaire sur le travail de compression

Il est important de signaler l'ampleur de l'augmentation de ces débits. En considérant, le R134a, nous pouvons noter que ces débits passent des valeurs très petites $\dot{m}_p = 0.0134$ kg/s, $\dot{m} = 0.0399$ kg/s, et $\dot{m}_2 = 0.0436$ kg/s pour une température $T_{inter} = 10$ °C à des valeurs dix fois supérieures pour une température $T_{inter} = 20$ °C, $\dot{m}_p = 0.2858$ kg/s, $\dot{m} = 0.3145$ kg/s, et $\dot{m}_2 = 0.3194$ kg/s (voire figure 4.10). En parallèle, les débits du fluide secondaire $\dot{m}_s$ et du fluide qui se condense, $\dot{m}_3$, sont pratiquement constants.

Cette évolution des débits est considérée comme le facteur le plus influant sur le reste des paramètres c'est-à-dire, le coefficient de performance, la conductance thermique, les pertes exergétiques, le travail de compression et par conséquent la fonction objective.

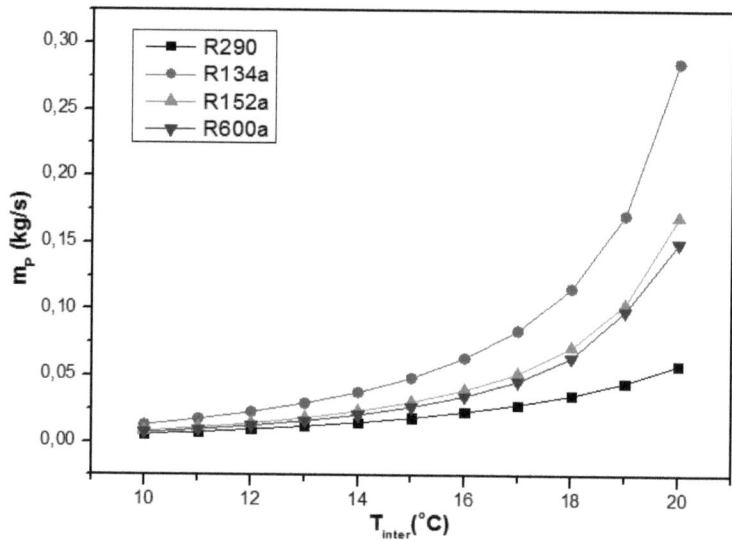

Figure 4.10: Effet de la température intermédiaire sur le débit primaire

T_{inter} [°C]	$\dot{m}_P$ [kg/s]	$\dot{m}_s$ [kg/s]	$\dot{m}$ [kg/s]	$\dot{m}_2$ [kg/s]	$\dot{m}_3$ [kg/s]
10	0.0134	0.0266	0.0399	0.0436	0.0302
11	0.0177	0.0268	0.0445	0.0480	0.0303
12	0.0230	0.0270	0.0500	0.0534	0.0304
13	0.0296	0.0272	0.0568	0.0601	0.0305
14	0.0379	0.0274	0.0653	0.0685	0.0306
15	0.0488	0.0276	0.0764	0.0796	0.0308
16	0.0638	0.0278	0.0916	0.0948	0.0310
17	0.0844	0.0281	0.1125	0.1157	0.0313
18	0.1165	0.0283	0.1448	0.1482	0.0317
19	0.1713	0.0285	0.1998	0.2036	0.0323
20	0.2858	0.02872	0.3145	0.3194	0.03365

Tableau 4.1: Valeurs des différents débits en fonction de T_{inter} pour le R134a

4.6 Conclusion

Les résultats obtenus suite à l'étude du cycle combiné à éjecteur – compresseur montrent clairement que lorsque la température intermédiaire diminue les performances du cycle s'améliorent. À chaque fois que la température T_{inter} diminue et par conséquent la pression ($P_2=P_6$), le rapport de compression augmente légèrement ce qui provoque une diminution importante du débit lors de cette compression. Celle-ci entraîne la diminution de la consommation de l'énergie fournie au compresseur, des pertes exergétiques et de la conductance thermique, et donc, une augmentation du coefficient de performance. Ceci résulte en l'obtention d'une valeur minimale de la fonction objective.

CHAPITRE 5

COMPARAISON ENTRE LES CYCLES ET LES RÉFRIGÉRANTS

L'étude détaillée des cycles de réfrigération à éjecteur et les résultats obtenus pour les différents fluides utilisés auparavant nous mènent à des conclusions plus objectives et sélectives. Pour ce faire, nous effectuons une comparaison entre les résultats des quatre fluides pour le même cycle et par la suite nous comparerons les meilleurs résultats obtenus par chaque cycle pour le même réfrigérant.

5.1 Cycle à éjecteur comme élément de compression

Pour le cycle de base à éjecteur, la référence de comparaison entre les résultats obtenus par les différents fluides, est la valeur minimale de la conductance thermique totale UA. Dans le tableau 5.1, les valeurs de tous les paramètres correspondant à UA_{Min} sont transcrites.

		R134a	R152a	R290	R600a
UA_{Min}	[kW/K]	5.88	5.73	5.47	5.85
P_4	[kPa]	2900	2500	3400	1400
COP		0.629	0.667	0.725	0.612
β_{Ex}		0.295	0.288	0.318	0.294
F		18.71	17.18	15.09	19.13
DT_{SUR}	[C]	5.5	7.0	6.6	7.1
$\dot{m}_P$	[kg/s]	0.03889	0.02383	0.0178	0.01975
$\dot{m}_S$	[kg/s]	0.0299	0.0188	0.0159	0.0169
$\dot{m}_G$	[kg/s]	0.1252	0.1185	0.1018	0.1273
$\omega = \dot{m}_S/\dot{m}_P$		0.77	0.79	0.89	0.86
Q_G	[kW]	7.88	7.44	6.81	8.14
Q_C	[kW]	12.95	12.49	11.9	13.17
W_P	[kW]	0.072	0.050	0.088	0.038
A_i	[cm^2]	0.988	0.884	0.580	1.513
A_{7S}	[cm^2]	6.232	5.365	3.144	8.832
A_{7P}	[cm^2]	3.571	2.945	1.664	4.817
A_8	[cm^2]	9.802	8.310	4.808	13.650

Tableau 5.1 : Comparaison entre les fluides du cycle à éjecteur

Discussion :

1. Il est à signaler que la conductance thermique totale (UA) du système fonctionnant avec le R290 ne passe pas par un minimum tel qu'il est illustré sur la figure 2.8. Ce qui veut dire qu'à chaque fois que nous augmentons la pression P_4 nous obtenons un UA plus petit jusqu'à la pression de saturation. Afin de limiter la borne inférieure de la conductance thermique, un paramètre très important doit être respecté, la surchauffe du fluide primaire à l'entrée de la tuyère primaire. Cette condition est essentielle afin d'éviter la condensation le long de cette tuyère.

2. À première vue, le système au R290 semble très avantageux, ayant le plus petit UA et le plus grand COP (0.725) ce qui conduit à une fonction objective minimale comparativement à celle des autres fluides. En dépit du fait que les pertes exergétiques soient presque égales à celles des autres fluides, plusieurs paramètres de ce fluide demeurent avantageux, à savoir le facteur d'entraînement ω élevé, les sections (primaire, secondaire et chambre de mélange) petites, la quantité d'énergie Q_G moins importante et une surchauffe acceptable.

3. Le seul inconvénient du R290, réside en sa haute pression de fonctionnement qui pourra provoquer des problèmes au niveau de l'étanchéité entre les composants du système et les conduits. En effet, le système risque d'être plus massif si nous voulons assurer sa résistance.

4. Pour une conductance thermique (UA) presque égale à celle du R290, le R152a présente de faibles pertes exergétiques et un bon coefficient de performance (COP = 0.667) qui conduisent à une fonction objective moyennement faible (F = 17.18).

5.2 Cycle à deux étages de compression

D'après les résultats représentés, sous forme de figures, dans le chapitre 3, il est intéressant de tirer la valeur de la pression optimale qui minimise la conductance thermique totale, l'énergie consommée par les deux compresseurs et par conséquent la fonction objective. Cette valeur de pression maximise le coefficient de performance en même temps. Dans le tableau 5.3, nous insérons d'autres paramètres de comparaison tels que les pertes exergétiques, les débits du réfrigérant, les débits du fluide externes…etc.

	R134a	R152a	R290	R600a
P_6 [kPa]	490.1	438.8	734.2	260.2
T_6 [°C]	15.09	14.97	15.13	15.05
COP_{Max}	13.09	13.21	12.92	13.18
UA_{Min} [kW/K]	2.879	2.867	2.880	2.872
F_{Min}	0.439	0.434	0.446	0.436
β_{ex}	0.457	0.443	0.459	0.451
W_{Min} [kW]	0.382	0.379	0.387	0.380
Ed_T [kJ/kg]	0.1745	0.1676	0.1776	0.1713
$\dot{m}_1$ [kg/s]	0.02763	0.01766	0.01477	0.01573
$\dot{m}_2$ [kg/s]	0.02987	0.01877	0.0158	0.01685
$\dot{Q}_C$ [kW]	5.382	5.379	5.386	5.379

Tableau 5.2 : Comparaison entre les fluides du cycle à deux compresseurs

Discussion

1. Le coefficient de performance obtenu pour les quatre réfrigérants est plus élevé qu'à celui du cycle combiné. Ces valeurs, du COP, sont obtenues pour une plage de pression vraiment restreinte (Exemple du R134a : P_E = 349.9 kPa et P_C = 665.8 kPa) et par conséquent des rapports de compression faibles. Donc, une consommation d'énergie très faible par les deux compresseurs, ce qui permet d'obtenir un coefficient de performance très élevé selon l'équation (3.9).

2. Le COP du R152a est le plus élevé : ceci s'explique par la correspondance de sa température intermédiaire (pression optimale) avec la valeur exacte de la température moyenne entre l'évaporateur et le condenseur qui est de 15 °C (moyenne arithmétique des températures du réfrigérant à l'évaporateur et au condenseur 5°C et 25 °C). Par conséquent, sa pression optimale (P_6 = 438.8 kPa), est pratiquement la moyenne arithmétique des deux pressions à l'évaporateur (P_E = 315.2 kPa) et au condenseur (P_C = 597.2 kPa). En second lieu, vient le R600a avec un COP = 13.18 car sa pression (température) intermédiaire de 260.2 kPa est vraiment proche de la pression moyenne entre l'évaporateur et le condenseur, qui est de 269.15 kPa. Avec un coefficient de performance de 13.08, le R134a se trouve en troisième place, sa pression intermédiaire est 490.1 kPa. Enfin, arrive le R290 avec un COP = 12.92,

et sans aucune surprise, sa température intermédiaire de 15.13 °C est légèrement supérieure à la moyenne.

3. Pour sa pression optimale, le R152a possède les plus faibles valeurs de la conductance thermique, l'énergie consommée par les compresseurs et la fonction objective. D'abord, selon l'équation (3.15), il semble évident que l'énergie consommée par les compresseurs (0.379 kW) est la plus petite car nous avons une puissance frigorifique constante et un COP à son maximum. En revanche, la conductance thermique (UA = 2.867 kW/K) dépend du débit passant par le condenseur. Ce dernier varie d'une façon légèrement parabolique passant par un minimum, ce qui provoque la même variation de la quantité de chaleur rejetée à l'ambiance, et par conséquent la variation de la conductance thermique du condenseur. Comme la conductance thermique de l'évaporateur est toujours constante, la variation de la conductance thermique totale suit celle du condenseur. D'après l'équation (2.61), la fonction objective qui est proportionnelle à la conductance thermique, passe par son minimum (F_{R152a} = 0.434) à la même pression optimale. Ces paramètres sont très avantageux pour la conception d'un système de réfrigération à deux compresseurs fonctionnant avec le R152a. Le 600a vient toujours en seconde position avec un UA = 2.872 kW/K et W = 0.380 kW.

5.3 Cycle combiné à éjecteur – compresseur

D'après les différents résultats présentés dans le chapitre 4, il est maintenant possible d'effectuer une comparaison entre les quatre fluides en se référant à une valeur moyenne de la température intermédiaire. Comme aucun des paramètres (coefficient de performance, pertes exergétiques, conductance thermique...etc.) représentés sur les figures du chapitre 4 ne passe par une valeur optimale, nous avons choisi une température intermédiaire égale à 15°C, qui est une valeur moyenne entre les températures du condenseur et de l'évaporateur.

Le tableau suivant représente tous les paramètres correspondants à cette température intermédiaire pour les paramètres fixes : Q_E = 5 kW, T_C = 20 °C, T_E = 10 °C et ΔT = 5 °C.

		R134a	R152a	R290	R600a
T_{inter}	[°C]	15	15	15	15
COP		9.85	10.03	11.70	10.00
UA	[kW/K]	2.915	2.9310	2.893	2.907
W_{Comp}	[kW]	0.508	0.499	0.426	0.501
β_{ex}		0.56	0.55	0.48	0.56
F		0.592	0.581	0.493	0.583
Ed_T	[kJ1kg]	0.285	0.276	0.204	0.278
P_E	[kPa]	349.9	315.2	551.2	187.5
P_{inter}	[kPa]	488.7	439.2	731.7	259.7
P_C	[kPa]	665.8	526.4	952.2	350.8
$\dot{Q}_C$	[kW]	5.51	5.50	5.43	5.50
$\dot{m}_C$	[kg/s]	0.5234	0.5187	0.5155	0.5292
$\dot{m}_E$	[kg/s]	0.4762	0.4762	0.4762	0.4762
h_2	[kJ/kg]	259	516.5	590.8	697.2
h_3	[kJ/kg]	265.4	526.4	603.1	708.6

Tableau 5.3 : Comparaison entre les fluides du cycle combiné

Discussion :

1. Le compresseur de ce système fonctionne avec un rapport de compression ($r = P_C/P_E$) un peu faible, égale à 2, ce qui désavantage la consommation d'énergie électrique qui est inversement proportionnelle au rapport de compression. Ceci est dû à l'intervalle restreint des deux niveaux de pression.

2. À première vue, le R290 représente le réfrigérant le plus avantageux parmi les 4 fluides. Cela est dicté par les valeurs élevées de son coefficient de performance et par les faibles pertes éxergétiques. D'autre part, la conductance thermique totale et la quantité d'énergie fournie au compresseur sont faibles ce qui conduit à des coûts d'opération et d'acquisition du système très modeste.

3. Les résultats obtenus par le R134a, le R152a et le R600a semblent identiques avec un léger avantage pour le R152a au niveau du COP, des pertes éxergétiques et de l'énergie électrique requise au niveau du compresseur. Le fait que le R600a travaille dans des basses pressions et

qu'il a un UA plus faible que les autres, permet un coût de construction avantageux pour ce système.

4. À la température intermédiaire, $T_{inter}= 15°C$, le coefficient de performance du R290 égale à 11.70, est largement supérieur à celui du R134a (9.85), du R600a (10.00) et du R152a (10.07). De la même manière, les pertes exergétiques du R290 (0.48) sont inférieures à celles des autres fluides. D'autre part, pour le R290, l'énergie consommée lors de la compression et la conductance thermique totale, égale à 0.426 kW et 2.893 kW/K respectivement, sont inférieures à celles des autres fluides, ce qui minimise le coût de l'énergie propre consommée et même le coût d'investissement du système.

5. D'après ses nombreuses bonnes performances, le R290 semble être le réfrigérant idéal pour faire fonctionner un système de réfrigération combinant un éjecteur et un compresseur dans les conditions fixées au début de l'étude.

5.4 Comparaison entre les cycles

Pour une comparaison homogène et équitable entre les cycles étudiés, nous avons fixé les deux niveaux de pression (au condenseur et à l'évaporateur) pour les 4 cycles. La particularité de chaque système nous a imposé des critères différents pour comparer les résultats des réfrigérants. Pour le premier cycle à éjecteur, dans les mêmes conditions de fonctionnement et pour une valeur optimale de la conductance thermique, le coefficient de performance du R290 est le meilleur. D'autre part, sa conductance thermique et sa fonction objective sont les plus faibles.

Les mêmes remarques s'appliquent pour le cycle combiné, c'est-à-dire, le R290 représente le fluide le plus avantageux parmi les trois autres fluides pour les mêmes conditions de fonctionnement. Le tableau 5.4 permet de comparer, dans le détail, les paramètres des cycles pour le même réfrigérant (R290) :

	Cycle à éjecteur	Cycle combiné	Cycle à 2 étages	Cycle conventionnel
COP	0.725	11.70	12.92	12.38
UA [kW/K]	5.47	2.893	2.880	2.885
W [kW]	-	0.426	0.387	0.404
β_{ex}	0.31	0.48	0.46	0.45
F	15.09	0.493	0.446	0.466
$\dot{Q}_C$ [kW]	11.90	5.43	5.28	5.40
Ed_T [kJ/kg]	1.106	0.204	0.178	0.182
P_E [kPa]	551.2	551.2	551.2	551.2
P_C [kPa]	952.2	952.2	952.2	952.2

Tableau 5.4 : Comparaison entre les trois cycles

Discussion

1. Les pressions au niveau de l'évaporateur et du condenseur, dans les deux dernières lignes du tableau 4.5 sont considérées comme paramètres de référence.

2. Contrairement aux trois autres cycles, le cycle à éjecteur comme élément de compression possède un très faible coefficient de performance dû à une grande quantité d'énergie fournie par la source pour alimenter le système (Q_G= 6.81 kW) à une température de 90 °C. L'exergie détruite à l'éjecteur est grande et ainsi l'exergie détruite totale dans ce système est la plus élevée comparativement aux autres cycles. Cependant, les pertes exergétiques sont moyennement faibles (0.31).

3. Composé de trois échangeurs de chaleurs, le système à éjecteur a une conductance thermique totale deux fois plus grande que celle des trois autres systèmes. D'abord, les débits des fluides externes au niveau de générateur et du condenseur sont importants ($\dot{m}_G$= 1.018 kg/s et $\dot{m}_C$= 1.082 kg/s) et provoquent une quantité de chaleur rejetée au niveau du condenseur environ 120% supérieure à celle des autres systèmes, de plus, une bonne quantité de chaleur fournie au générateur de vapeur.

4. La valeur de la fonction objective est élevée pour le cycle à éjecteur comme élément de compression, car elle combine un faible COP à une grande conductance thermique. Ce qui

veut dire que le coût d'acquisition du système et l'énergie nécessaire pour son fonctionnement sont élevés.

5. D'autre part, le coefficient de performance du système hybride (combiné) représente 91% de celui du système à deux compresseurs et les pertes exergétiques représentent que 4%, ce qui résulte à de bonnes performances. Par contre, ce système consomme 10% plus d'énergie que le système à deux étages. De même, sa conductance thermique est de 10% plus grande.

5.5 Conclusion

Les différentes comparaisons détaillées dans ce chapitre sont fondées sur les mêmes conditions et paramètres de fonctionnement, que ce soit entre les réfrigérants ou entre les cycles.

Pour le système de réfrigération à éjecteur (comme élément de compression), le R290 propane pur) est un excellent réfrigérant pour remplacer les anciens réfrigérants, il fonctionne très bien sur ces systèmes; il a pour effet d'augmenter le COP et minimiser la conductance thermique du système. En plus, son ODP est nul et son GWP est très faible voire nul, il possède aussi une chaleur latente de vaporisation deux fois plus élevée que le R134. Pour les deux autres systèmes, le R152a semble le meilleur par rapport aux trois autres fluides. En dépit de son taux élevé d'inflammabilité, il participe grandement à améliorer la performance des systèmes de réfrigération hybrides à savoir le coefficient de performance. En parallèle, il assure une très faible consommation de l'énergie propre et des petites conductances thermiques, par conséquent, il autorise un coût bas et raisonnable du système. Le R152a possède des caractéristiques proches de celles du R134a avec un GWP très faible.

Pour de faibles pressions, le R600a est l'un des meilleurs réfrigérants, il fournit un COP très élevé et une conductance thermique très faible. Ses caractéristiques sont très favorables à l'environnement, ayant un ODP nul et un GWP très faible, seulement son inconvénient, c'est qu'il n'est pas performant pour des pressions élevées.

L'étude du système de réfrigération à deux étages est évoquée à titre de comparaison avec le système combiné. Ce dernier possède des performances très proches du système conventionnel avec un coefficient de performance élevé et des faibles pertes exergétiques. Avec un seul compresseur, l'énergie consommée est 10% plus grande que celle consommée par les deux compresseurs du système conventionnel, ce qui représente la limitation de ce système récent. En revanche, son coût d'investissement est plus faible car il ne contient qu'un compresseur et un éjecteur qui coûtent moins cher.

CHAPITRE 6   CONCLUSION

L'étude des différents systèmes de réfrigération, notamment, ceux à éjecteur nous a conduit à des conclusions très importantes qui peuvent mener à d'autres études afin d'améliorer certaines performances et limitations de ces machines trithermes.

Pour de basses températures (entre 80 et 110 °C) au générateur de vapeur, un système de réfrigération à éjecteur peut fournir la capacité frigorifique recherchée (5 kW) avec un coefficient de performance inférieur à 1. Pour une pression optimale au niveau du générateur, spécifique à chaque réfrigérant, nous avons obtenu une bonne performance. Cette pression nous a garanti que le fluide primaire au niveau du col de la tuyère primaire est surchauffé afin d'éviter le phénomène de condensation; ceci améliore le rendement de l'éjecteur et par conséquent le COP. Une différence de température $\Delta T = 3$ °C entre le réfrigérant et le fluide extérieur dans les trois échangeurs de chaleur est considéré comme la valeur optimale pour les quatre réfrigérants. Donc, la meilleure performance de ce système est obtenue en tenant compte les valeurs optimales de ces deux paramètres.

Avec un coefficient de performance élevé de 11.7, des pertes exergétiques de 0.48 et une énergie faible consommée par le compresseur, le système de réfrigération combiné peut aisément remplacer le système à deux étages de compression. Son seul inconvénient, est le faible taux de compression pour les mêmes conditions que le système à deux étages. Dans ce cas là, il sera nécessaire de remplacer son compresseur par un autre qui consommera plus d'énergie. Cette limitation est compensée par le coût bas de l'éjecteur et ses nombreux avantages vis-à-vis d'un deuxième compresseur, à savoir :

- Pas de pièces mobiles, et donc moins d'entretien,
- Pas d'huile de lubrification,
- Grande variété de matériaux pour le concevoir,
- Pas de limite de température (sauf pour les matériaux),
- Tous les gaz et les réfrigérants peuvent être utilisés.

Dans l'industrie et en particulier le secteur de l'automobile, le bannissement du R134a des systèmes de climatisation des voitures nous a poussés à rechercher des solutions plus écologiques en utilisant des réfrigérants naturels tels que le R290 (propane) qui fonctionne à des pressions plus élevés. De plus, il est performant et non nocif avec un GWP très faible. En revanche, pour de faibles pressions, le R600a représente le meilleur substituant du R134a grâce à ces bonnes performances sans impact sur l'environnement, de même pour le R152a déjà considéré comme le meilleur remplaçant du R22.

Finalement, le système tritherme à éjecteur est l'une des nouvelles technologies qui répondent aux contraintes environnementales actuelles et à venir.

ANNEXE A

A.1 FLUX ÉNERGÉTIQUE ET ÉXERGÉTIQUE POUR R134A

Pour une pression optimale de 2900 kPa et aux conditions citées ci-après, la figure A.1 présente l'ensemble des flux énergétiques et éxergétiques du cycle à éjecteur comme élément de compression fonctionnant avec le R134a.

$UA_{Min} = 5.885$ [kW/K]
$\Delta T = 5$ [°C]
$COP = 0.629$
$\beta_{ex} = 0.295$
$\dot{m}_P = 0.03889$ [kg/s]
$\dot{m}_S = 0.0299$ [kg/s]

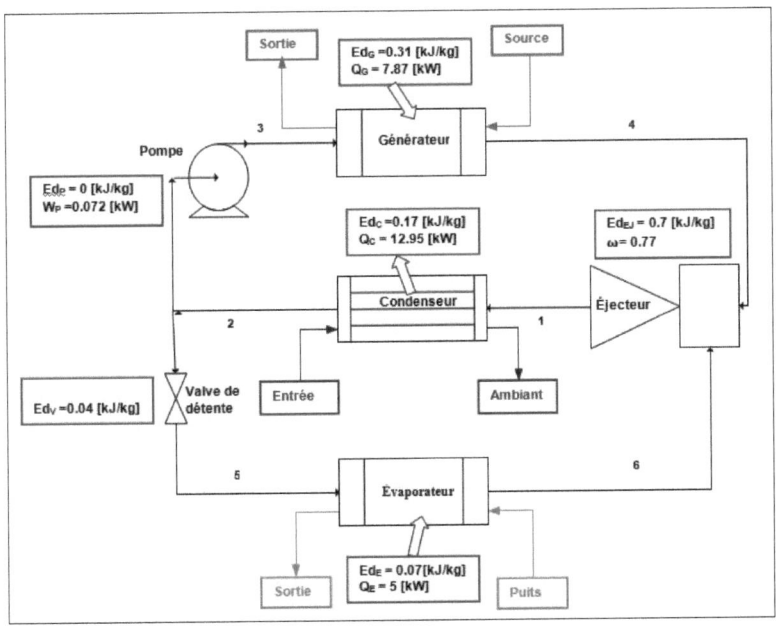

Figure A.1 : Flux énergétique et éxergétique pour R134a

A.2 FLUX ÉNERGÉTIQUE ET ÉXERGÉTIQUE POUR R152a

Pour une pression optimale de 2500 kPa et aux conditions citées ci-après, la figure A.2 présente l'ensemble des flux énergétiques et éxergétiques du cycle à éjecteur comme élément de compression fonctionnant avec le R152a.

UA_{Min} = 5.73 [kW/ K]
ΔT = 5 [°C]
COP = 0.667
β_{ex} = 0.288
$\dot{m}_P$ = 0.02383 [kg/s]
$\dot{m}_S$ = 0.0188 [kg/s]

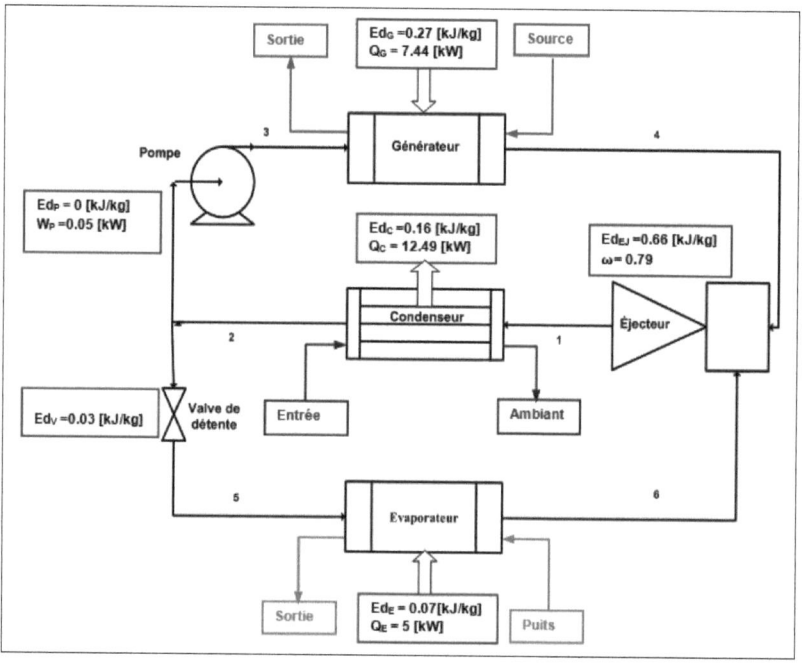

Figure A.2 : Flux énergétique et éxergétique pour R152a

A.3 FLUX ÉNERGÉTIQUE ET ÉXERGÉTIQUE POUR R290

Pour une pression optimale de 3400 kPa et aux conditions citées ci-après, la figure A.3 présente l'ensemble des flux énergétiques et éxergétiques du cycle à éjecteur comme élément de compression fonctionnant avec le R290.

$UA_{Min} = 5.47$ [kW/K]
$\Delta T = 5$ [°C]
$COP = 0.725$
$\beta_{ex} = 0.308$
$\dot{m}_P = 0.01858$ [kg/s]
$\dot{m}_S = 0.01589$ [kg/s]

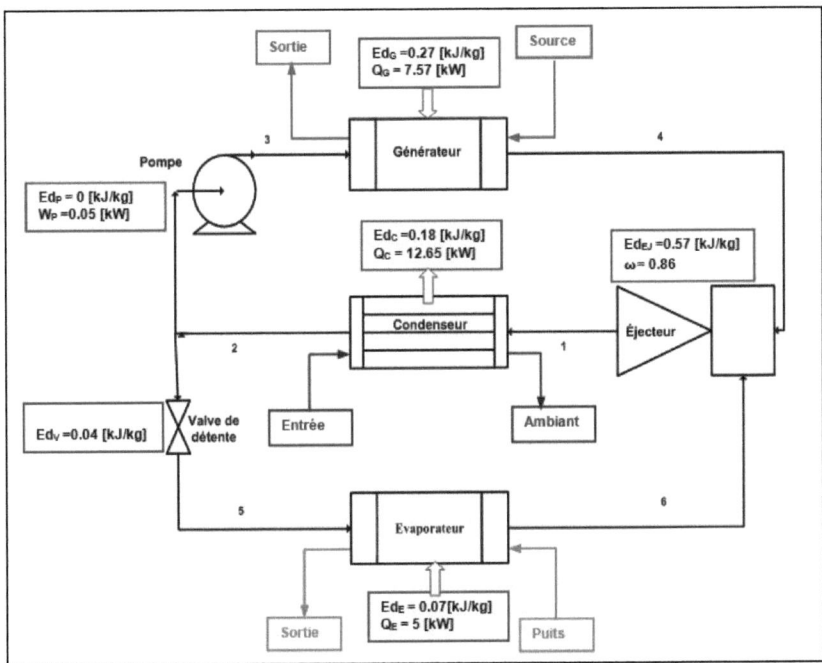

Figure A.3 : Flux énergétique et éxergétique pour R290

A.4 FLUX ÉNERGÉTIQUE ET ÉXERGÉTIQUE POUR R600a

Pour le R600a, la pression optimale est de 1400 kPa. Donc, pour les conditions citées ci-après, tous les paramètres qui définissent les flux énergétiques et éxergétiques du cycle à éjecteur sont présentés sur la figure A.4.

UA_{Min} = 5.85 [kW/K]
ΔT = 5 [°C]
COP = 0.612
β_{ex} = 0.294
$\dot{m}_P$ = 0.01975 [kg/s]
$\dot{m}_S$ = 0.01691 [kg/s]

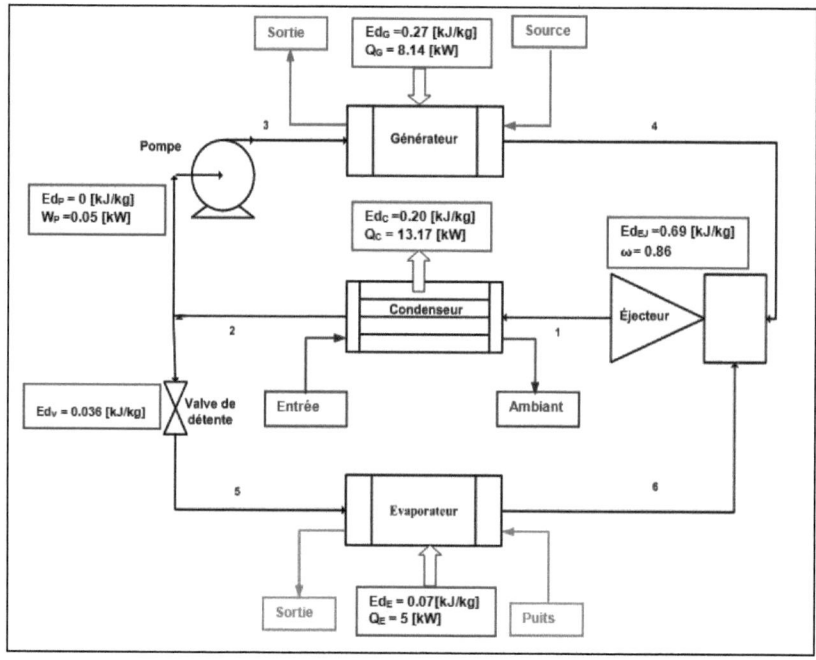

Figure A.4 : Flux énergétique et éxergétique pour R600a

LISTE DES RÉFÉRENCES

[1] Chunnanond, K., Aphornratana, S. (2004) Ejectors: applications in refrigeration technology, Renewable and Sustainable Energy Reviews, v. 8, pp. 129–155.

[2] Keenan, J. H. E. P. (1950) An investigation of ejector design by analysis and experiment. Journal of Applied Mechanics, pp. 299-241.

[3] Aphornratana, S. Eames, I. W. (1997) A small capacity steam-ejector refrigerator: experimental investigation of a system using ejector with movable primary nozzle, International Journal of Refrigeration, v. 20 no. 5, pp. 352-358.

[4] Huang, B.J., Chang, J.M. (1999) Empirical correlation for ejector design. International Journal of Refrigeration v. 22, pp. 379–388.

[5] Shankarlal, T., Mani, A. (2006) Experimental studies on ammonia ejector refrigeration system. International Communications on Heat and Mass Transfer, V.33, pp. 224-230.

[6] Chang, Y.J, Chen, Y.M. (2000) Enhancement of a steam-jet refrigerator using a novel application of the petal nozzle. Experimental Thermal Fluid Sciences, v. 22, pp. 203–211

[7] Sun, D. (1998) Evaluation of a combined ejector vapour-compression refrigeration system. International journal of energy research, John Wiley & Sons, v. 22 no. 1, pp. 333-342

[8] Aidoun, Z. Ouzzane, M. (2004) The effect of operating conditions on the performance of a supersonic ejector for refrigeration. International Journal of Refrigeration, v. 27 no. 8, pp. 974-984.

[9] Boumaraf, L., Lallemand, A. (2006) Dimensionnement d'une machine de climatisation tritherme dans les conditions de fonctionnement optimales de son éjecteur utilisant le R142b et R600a. COFRET'06, Timisoara, Romania,

[10] Selvaraju, A., Mani, A. (2006) Experimental investigation on R134a vapour ejector refrigeration system. International Journal of Refrigeration, v. 29 no. 7, pp. 1160-1166.

[11] Dahmani, A., Galanis, N., Aidoun, Z. (Fabrery 2010) On the performance of ejector refrigeration systems Proceedings. WSEAS Conference on Energy and Environment, Cambridge, UK.

[12] Dahmani, A., Galanis, N., Aidoun, Z. (Mai 2010) Caractéristiques des systèmes de refroidissement à éjecteur. Conférence au 1er CIFEM, Saly, Sénégal.

[13] Çengel, Y., Boles, A., Michael A. (2008), Thermodynamics: An Engineering Approach (sixth edition), McGraw Hill.

[14] Cayer, E. (2008), Étude du cycle transcritique en dimensions finies utilisant le dioxyde de carbone comme fluide moteur avec des rejets de faible temperature comme source de chaleur. Mémoire de maîtrise, Université de Sherbrooke.

[15] Incropera, F. P., DeWitt, D. P., Bergman, T. L., Lavine, A. S. (2007) Fundamentals of Heat and Mass Transfer. (Sixth edition), United States.

[16] Kuehn, T. H., Threlkeld, J. L. (1998) Thermal Environmental Engineering. (3rd Edition), Prentice Hall.

Oui, je veux morebooks!

i want morebooks!

Buy your books fast and straightforward online - at one of world's fastest growing online book stores! Environmentally sound due to Print-on-Demand technologies.

Buy your books online at
www.get-morebooks.com

Achetez vos livres en ligne, vite et bien, sur l'une des librairies en ligne les plus performantes au monde!
En protégeant nos ressources et notre environnement grâce à l'impression à la demande.

La librairie en ligne pour acheter plus vite
www.morebooks.fr

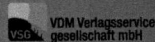

VDM Verlagsservicegesellschaft mbH
Heinrich-Böcking-Str. 6-8   Telefon: +49 681 3720 174   info@vdm-vsg.de
D - 66121 Saarbrücken   Telefax: +49 681 3720 1749 www.vdm-vsg.de

Printed by Books on Demand GmbH, Norderstedt / Germany